ELECTRÓNICA.
DIY: Placa Amplificadora de Audio AMP-XZII Hi-Fi. VOL II

Diseño y fabricación placa amplificadora de audio, **clase AB**, Hi-Fi.

Material de utilidad para laboratorios, institutos, academias y universidades.

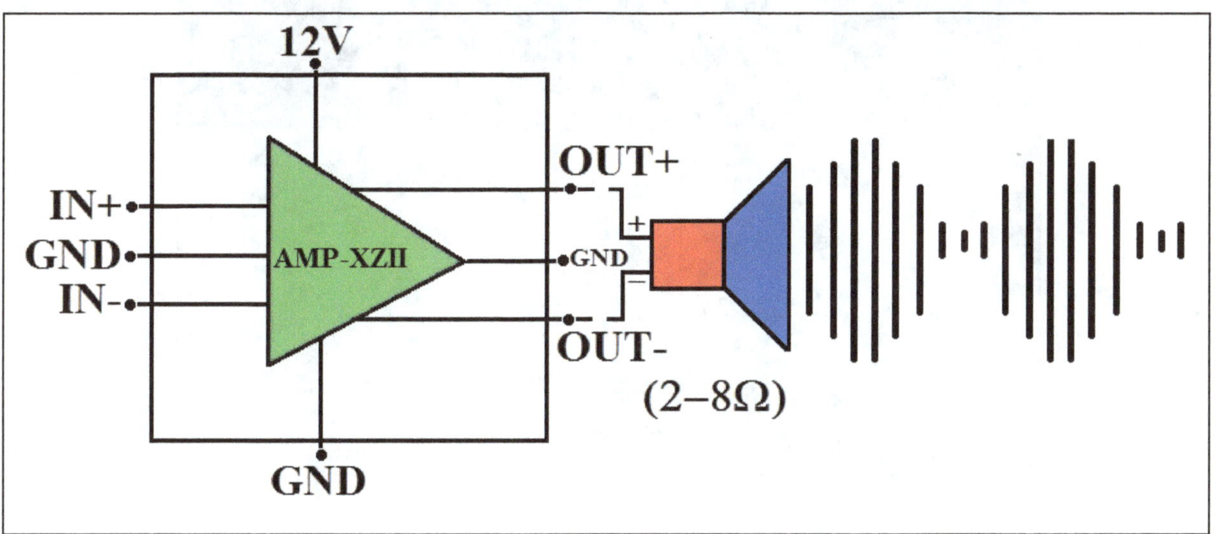

2024

Fernando Moutinho, Kevin Moutinho

ELECTRÓNICA.

DIY:

PLACA AMPLIFICADORA DE AUDIO CLASE AB
AMP-XZII HI-FI. VOL II

Diseño y fabricación placa Amplificadora de audio, **clase AB**, Hi-Fi.

Material de utilidad para laboratorios, institutos, academias y universidades.

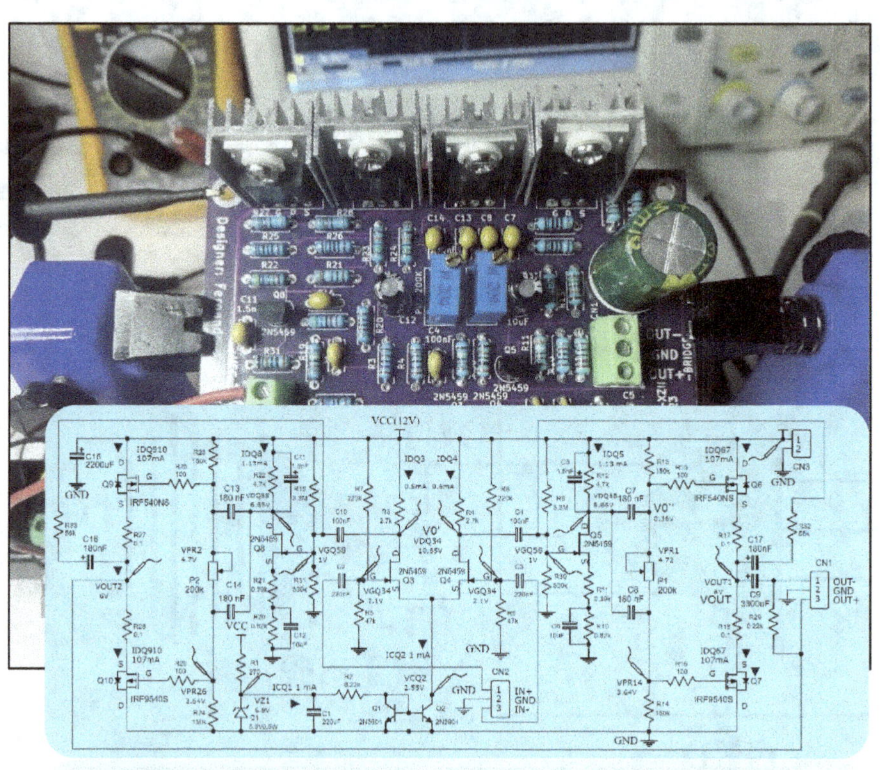

Acerca de los autores

Fernando Moutinho es Doctor en Ciencias Dr.Sc. Cuenta con más de 15 años de experiencia en docencia e investigación en los campos de la física de superficies, detectores de radiación, espectroscopia Mössbauer, dosimetría de las radiaciones ionizantes y también en el campo de electrónica digital, analógica, microcontroladores y aplicaciones de IoT.

Tiene publicaciones científicas relacionadas con la investigación en la física de superficies, así como libros didácticos relacionados con temas de la electrónica general, amplificadores operacionales, transistores BJT-FET, y aplicaciones específicas sobre IoT.

También ha realizado trabajos de aplicaciones en el área de los microcontroladores, específicamente sobre el ESP8266, del cual tiene una publicación relacionada al respecto.

Recientemente, ha realizado trabajos en el campo del modelado y construcción de prototipos de piezas en 3D, mediante software CAD (*computer aid design*) y utilizando tecnología de impresión de fabricación por filamento fundido, conocida también como FFF (*fused filament fabrication*) o FDM (*fused deposition modeling*) en la realización de proyectos multidisciplinarios.

Kevin Moutinho, su hijo, es estudiante. Desde temprana edad ha recibido influencia y mostrado interés en el campo de la ciencia. Por cuenta propia ha incursionado en el mundo del diseño CAD, impresión de prototipos, manejo y utilización de software como FreeCAD, Blender, Python, también de animaciones en 3D y ediciones de video. En este proyecto participa como colaborador en la etapa de prueba y caracterización de la placa aquí desarrollada.

Este proyecto representa el resultado de un trabajo sostenido en las líneas de investigación y desarrollo que vienen llevando a cabo ambos autores en materia de aplicaciones de electrónica e integración de sistemas.

Por último, es el deseo de los autores que esta publicación pueda convertirse en un texto de divulgación técnica y guía de ayuda a estudiantes, técnicos e ingenieros, profesionales y entusiastas de proyectos como éste, con un ejemplo instructivo y educativo que sirve de estímulo de emprendimiento, especialmente, para todos aquellos que les atrae el fascinante mundo de la electrónica, con un interesante y útil proyecto integral, lleno de tecnología, muy versátil, educativo y fácil de realizar.

Introducción

Esta publicación es una continuación del volumen I, titulado: **Placa Amplificadora de Audio Clase AB AMP-XZ1 Hi-Fi VOL I.**

En el proyecto anterior, se realizó el diseño, análisis teórico, construcción (PCB + ensamblado), y su caracterización mediante pruebas prácticas.

Como resultado se obtuvo una placa completamente funcional, comercial, y además se dieron todos los detalles para su fácil reproducción y usabilidad.

Ahora, en este proyecto, se trata una segunda versión titulada: **Placa Amplificadora de Audio Clase AB AMP-XZII Hi-Fi VOL II.**

De igual forma que en volumen anterior, se abordan específicamente todos los detalles para que el lector pueda llevar a cabo la entera realización del proyecto.

Se desarrollará todo lo relativo a la fase del diseño teórico, que va desde el planteamiento del esquema electrónico, su análisis DC y AC, hasta la elaboración-fabricación de la placa PCB del prototipo, ensamblaje, pruebas, y su completa caracterización.

Todo lo anterior en base a los objetivos técnicos aquí planteados.

Se aclara que la disposición de todos los recursos de tipo intelectual aquí desarrollados, son de uso y licencia totalmente libre, por ejemplo; archivos de imágenes, ficheros, tablas, reproducción del PCB, que estén asociados a este proyecto.

Adicionalmente, se trata de poner a disposición toda información divulgativa relevante, como materiales o servicios, que dependiendo del caso y según disponga el usuario, pueden requerir obtenerse por la vía de los proveedores en el mercado local o internacional, como, por ejemplo, componentes electrónicos, instrumentación de soporte, textos de ayuda, etc. Para el completo desarrollo de la placa de amplificadora. Siempre con el objetivo de asegurar que se pueda reproducir totalmente este proyecto.

En concordancia con lo antes dicho, se trata entonces de incluir tanta información como es posible, a manera de una guía completa. Se provee de todos los ficheros y programas necesarios, mediante una opción de enlaces (*links*) y códigos QR de descarga, de uso totalmente gratuito y presentes en este trabajo.

Este proyecto puede ser personalizado (*Customizable*), ya que se suministran todos los ficheros fuentes para tal propósito, si así es requerido.

En principio, el proyecto tiene carácter divulgativo-educativo, pues se trata de enseñar y divulgar de manera didáctica información técnica a la comunidad interesada.

El proyecto en cuestión está dirigido al público en general, pero más concretamente para estudiantes, profesores, técnicos e ingenieros, entusiastas, y amantes de los proyectos con el uso de la tecnología, que no requieren de la asistencia de un profesional experto. Sin embargo, se debe aclarar que se requieren de ciertos conocimientos mínimos, al menos de un nivel básico de comprensión acerca de la electrónica básica.

No obstante, no se preocupe, en este trabajo se explican todos los detalles para que el usuario pueda reproducir el proyecto con un mínimo de esfuerzo, ya que como se ha mencionado ya, se suministran todas las herramientas conceptuales, ficheros, parámetros y demás información necesaria para la completa realización del mismo.

Adicionalmente, se recomienda a manera de información complementaria y/o de consulta, algunos textos relacionados al proyecto, que están disponibles en la bibliografía de este trabajo.

Se ha hecho un esfuerzo fundamental en tratar de incluir tanta información como es posible para este proyecto, sin embargo, si la información suministrada aquí aun no fuese suficiente de alguna manera, el lector cuenta con una amplia comunidad a nivel global, donde seguro podrá encontrar soporte, ayuda o ampliación en todos los temas que aquí se abordan.

Adicionalmente, puede también contar con el soporte personal de los autores, si así lo requiere, mediante un correo a: fmoutinho2019@gmail.com, donde con gusto se intentará resolver cualquier duda o problema en relación al desarrollo de este proyecto.

El proyecto **Placa Amplificadora de Audio AMP-XZII Hi-Fi**, se basa en la integración de tecnologías CAD y de electrónica digital/analógica, para diseñar y construir un modelo de amplificador moderno, muy útil, de alta calidad, que puede satisfacer los requerimientos de cualquier proyecto de audio donde sea necesario requerir de una placa de amplificación de audio de excelente calidad.

Como ya se dijo, el modelo de amplificador puede ser personalizado totalmente ya que se suministran de forma gratuita todos los recursos.

El proyecto en sí abarca tecnologías que requerirán las destrezas o habilidades en varias disciplinas. Sin duda, es un proyecto que a muchos les parecerá muy fascinante, educativo y útil.

La metodología de desarrollo de este proyecto es similar al volumen I.

Se plantea de acuerdo a los siguientes puntos:

> *1) Justificación del proyecto*
>
> *2) Objetivos técnicos*
>
> *3) El diseño teórico y análisis del modelo de amplificador clase AB propuesto*
>
> *4) Descripción de los componentes electrónicos claves del amplificador*
>
> *5) El Diseño de la placa de circuito impreso (PCB)*
>
> *6) Montaje y caracterización DC (polarización) y AC (ganancia, distorsión, eficiencia, potencia, ancho de banda)*
>
> *7) El producto final: **Placa Amplificadora de Audio Clase AB AMP-XZII.***
>
> *8) Apéndices: esquemas, lista de materiales, componentes, ficheros y programas de descarga.*

Se espera que este trabajo pueda servir como recurso de apoyo para el aprendizaje o repaso en temas de electrónica, como guía didáctica y de gran ayuda para todos aquellos interesados en el desarrollo de proyectos como este, en particular, a los que les apasiona el fascinante mundo de la electrónica y del audio.

Al final, no solo se habrá logrado el objetivo de transmitir conocimientos muy útiles, sino también se tendrá la satisfacción de poder construir y disfrutar un producto hecho por usted mismo, con pleno conocimiento de toda la teoría y tecnología involucrada en ello, y desde luego, con muchas expectativas de aplicaciones que surgen en la rutina del día a día.

Este proyecto que ahora consta de dos volúmenes, puede servir como una guía de utilidad teórico-práctica para la enseñanza en laboratorios de electrónica, institutos, academias y universidades.

Contenido

Acerca de los autores II

Introducción IV

Justificación del proyecto 10

Objetivos técnicos del proyecto 13

Diseño del Modelo de Amplificador Clase AB Hi-Fi AMP-XZII 14

    Esquema electrónico del amplificador Clase AB AMP-XZII 19

    Listado de componentes electrónicos del diseño 20

    Análisis DC: puntos de operación Q (Polarización) 21

    Potencia máxima disipada por el amplificador en reposo 53

    Potencia media en la carga RL 54

    Análisis AC (Z_{in}, Z_{out}, A_V) 56

Descripción de los componentes del amplificador 70

    Transistores BJT (2N3904) 70

    Transistor FET (2N5459) 74

    Transistores de Potencia MOSFET (IRF540, IRF9540) 76

El Diseño de la placa PCB 78

Caracterización y pruebas DC y AC de la placa AMP-XZII Hi-Fi 83

    Parámetros DC 83

    Parámetros AC 85

    Distorsión THD 85

    Eficiencia 90

    Potencia media máxima 90

    Ancho de banda: *Gain* vs kHz 92

    Distorsión de cruce 94

El producto final: placa Amplificadora de Audio Hi-Fi AMP-XZII 96

Configurar y usar la Placa Amplificadora de Audio AMP-XZII Hi-Fi 97

Bibliografía 101

Apéndices (recursos) 102

Apéndice 1: Esquema electrónico y listado de componentes 103

Apéndice 2: Listado de ficheros y programas (descargas) 106

Apéndice 3: Proveedores de recursos (enlaces) 107

Intencionalmente dejada en blanco

Justificación del proyecto

Todos sabemos lo que es un altavoz amplificador. Uno de los productos electrónicos de mayor consumo en todos los mercados a nivel mundial. Nunca pasa de moda, lo usamos a diario y en todas partes. Precisamente, porque nos permite conectar con una necesidad de información o entretenimiento muy solicitados como lo son la música, la radio, comunicación, etc.

En especial, en este texto se refiere a los amplificadores para altavoces de audio.

Los amplificadores que utilizan estos altavoces de audio los hay de distintas clases. Desde la clase A hasta la H. Siendo los más comunes los tipos: A, AB y D. Hoy en día, quizás, el más difundido es el tipo clase D.

Los amplificadores clase D emplean tecnología de conmutación y modulación por ancho de pulso PWM (*pulse width modulation*) que ofrece un nivel de eficiencia en teoría mayor del 90%. La principal desventaja de este método, es que agrega distorsión a la salida por efecto de la conmutación. Por ello, este tipo de amplificador requiere el uso de una buena etapa de filtraje LC para reducir esta distorsión, lo que también agrega un efecto de no-linealidad no deseado en su salida.

Adicionalmente, el uso de las frecuencias de conmutación en el orden de los MHz o GHz conduce también a la aparición de efecto de inducción electromagnética, que en muchos casos es una fuente adicional de ruidos en los circuitos adyacentes o cercanos al mismo amplificador y posiblemente a otros equipos muy próximos a éste.

No obstante, por su mayor eficiencia (>90%), y reducción de tamaño de fabricación, es que se han vuelto muy populares.

Adicionalmente, la calidad del sonido que se percibe de estos amplificadores tipo D suele ser buena. Normalmente, el oído humano no distingue o aprecia los niveles de distorsión presentes. Por lo que al oído humano puede ser indistinguible apreciar la calidad entre un amplificador clase D u otro.

Por otro lado, los amplificadores tipo AB no emplean ningún tipo de conmutación. Por lo que no agregan ningún tipo de distorsión asociada a frecuencias de conmutación. En teoría, serían menos ruidosos, en términos de radiofrecuencia y distorsión por conmutación. Su principal problema radica en que son menos eficientes en términos de la conversión de potencia (~50%).

La principal fuente de distorsión de un amplificador clase AB proviene de la distorsión de cruce por cero. No obstante, con el empleo de componentes que hagan un buen *matching* (pareja) y de corrientes de polarización adecuada, se puede reducir esta distorsión en gran medida, hasta hacerla casi insignificante.

Los amplificadores clase AB representan un equilibrio entre la eficiencia energética y la calidad del sonido. Siendo por un lado menos eficiente que los de clase D, pero por otro lado con mayor calidad de sonido.

Hoy en día, muchos amplificadores de alta calidad *High-End* (alta gama), siguen fabricándose con amplificadores de clase A o AB, por su indiscutible gran calidad de sonido.

Hasta ahora, y en base a lo anteriormente dicho, tenemos de primera una buena justificación para la realización de este proyecto. La misma que se planteó en el volumen I, para aquellos que ya lo han leído.

La segunda justificación, viene de la perspectiva de la divulgación del conocimiento técnico.

Y la tercera justificación, es que habiéndose hecho ya un primer volumen, se pretende ahora realizar un segundo volumen incorporando mejoras basadas en los resultados obtenidos con el diseño anterior.

Mediante el uso de la tecnología actual no solo es posible materializar los proyectos por uno mismo, a un costo muy razonable, sino que también es posible personalizar los productos, y con ello, favorecer aspectos como la divulgación masiva del conocimiento técnico-científico, disminución del consumismo y aumento de la producción local.

Es en base a todo lo dicho anteriormente, se plantea como objetivo principal de este proyecto el diseño y construcción de un segundo modelo de amplificador de audio, clase AB, de alta calidad Hi-Fi.

En resumen, la justificación para la realización de un proyecto como este se sustenta en la fabricación de un producto funcional, que es una segunda versión, y totalmente diferenciado, con amplias aplicaciones en la vida diaria, y, en la transmisión de un conocimiento técnico útil.

Al igual como se hizo en el volumen anterior, para lograr esta transmisión de conocimiento, se dan todas las herramientas conceptuales, documentos e información necesarios para el diseño y construcción funcional de un modelo de placa de amplificador de audio de clase AB Hi-Fi.

Entonces, ¿quieres fabricar tu segundo modelo de amplificador clase AB?

Pues, si la respuesta es sí, este proyecto vuelve a ser justo para ti.

Como es de costumbre, la filosofía de trabajo aquí planteada es la de "hágalo usted mismo", del inglés, ***Do It Yourself*** (DIY).

Esta filosofía es un concepto en la que la persona interesada puede elaborar o realizar enteramente un proyecto por sí misma.

Objetivos técnicos del proyecto

El diseño del modelo de placa Amplificadora a construir debe cumplir con las siguientes especificaciones técnicas que a continuación se detallan:

- Amplificador de audio de la clase AB

- Excelente calidad de sonido en base sus características

- Comparativa de baja distorsión armónica: THD <5%

- Potencia de salida aceptable para la alimentación prevista (V_{CC}= 12V, en configuración Bridge)

- Fuente de alimentación única de +12 V, 5A máx.

- Ancho de banda (BW= *bandwidth*): 20-20.000 Hz (mínimo)

- Ganancia total: >40

- Carga (*load*): 2-8 ohmios (altavoz), 4Ω preferido

- Modo de operación: en puente (Bridge)

- Potencia de salida: >4 Watts a 4Ω (Bridge)

- Eficiencia relativa aceptable según comparativa de clase AB

- Componentes electrónicos de fácil adquisición

- Dimensiones físicas de la placa PCB aceptables (reducidas)

- Fácil uso/instalación

- Bajo coste o de relativa fácil adquisición

- Buena relación calidad/precio del producto final

- De fácil reproducibilidad a pequeña o gran escala

- Adaptación para futuras mejoras o cambios personalizados

Como ya se mencionó, la sección del diseño incluirá el esquema de circuito electrónico propuesto, así como del desarrollo del correspondiente análisis teórico de la configuración del circuito tanto en régimen **DC** como **AC**. De tal modo que pueda contrastarse el cumplimiento de los requerimientos del diseño, según los requisitos planteados en los objetivos técnicos de este proyecto, comparando la teoría con los resultados reales obtenidos durante la fase de prueba y caracterización del amplificador ya finalmente construido.

Diseño del Modelo de Amplificador Clase AB Hi-Fi AMP-XZII

El diseño de este modelo de amplificador estará basado en un esquema de configuración puente o *Bridge* en inglés, que tiene como etapa de entrada un amplificador diferencial que permite mediante sucesivas etapas acopladas proporcionar dos señales de salidas, con desfases de $180°$ entre ellas, cuya amplitud de voltaje sobre la carga viene a ser el doble del obtenido con un solo amplificador con salida referenciada a masa o tierra. De modo que se obtiene cuatro veces más potencia comparado con el modelo convencional mono de un (1) solo altavoz, como el realizado en el volumen I.

Esta metodología requiere duplicar en forma de espejo las etapas de amplificación luego del diferencial, para así obtener dos señales idénticas pero desfasadas entre sí $180°$.

La única etapa que no se repite es la del diferencial, porque ya provee dos salidas que pueden aprovecharse para este propósito.

El resto de las etapas que se duplican en espejo son: una segunda etapa intermedia de amplificación, acoplada el diferencial, y una tercera etapa, acoplada a la segunda y dispuesta como salida de potencia.

De modo que, si se coloca el diferencial en el centro, existen dos ramas, una hacia la izquierda (I) y otra hacia la derecha (D), idénticas (espejo) que conforman el puente o Bridge del amplificador.

Nuestro modelo de diseño es totalmente discreto.

Al ser una configuración *Bridge*, solo haya que diseñar una rama, la otra es idéntica. Para ello, se utilizan las salidas del diferencial que ya están desfasadas 180º.

En este caso, hay que resaltar que en el modo *Bridge* no hay compatibilidad con salida con referencia a tierra. Es decir, que ambas salidas van al altavoz, y no hay conexión alguna a tierra.

No obstante, el diseño contempla también una forma de uso con referencia a masa o ground (tierra), en el que se pueden utilizar dos altavoces, pero a una potencia menor.

Si uno de los extremos del altavoz es puesto a masa o tierra, con el otro extremo a una de las salidas, no se obtiene la configuración *Bridge*.

Este modelo tiene su principal aplicación en lograr aumentar la potencia entregada al altavoz, usando para ello la configuración *Bridge*, tal como ha mencionado.

Las etapas que conforman el modelo de amplificador planteado se detallan a continuación:

La **primera etapa** o etapa de entrada, es un amplificador diferencial, se realizará con transistores tipo **JFET,** para mejorar la impedancia de entrada, rechazar el ruido y mejorar la relación señal/ruido, factor CMRR.

El CMRR (**C**ommon **M**ode **R**ejection **R**atio) es un factor de calidad que indica cuantitativamente el rechazo a señales en modo común (ruido).

La **segunda etapa**, es la etapa de amplificación gruesa, se realizará también con transistores **JFET,** y se acoplará en AC a la primera etapa.

La **tercera etapa**, será la etapa de potencia, se realizará con transistores tipo **MOSFET**, y estará acoplada en AC a la segunda etapa.

En el diseño se emplearán componentes electrónicos tipo: **FET, MOSFET**, resistores y capacitores, que son ampliamente utilizados en electrónica y que tienen una alta disponibilidad comercial y son de relativo bajo coste.

Por lo general, y cuando se trata de cargas resistivas (R_L) de baja impedancia, como los altavoces ($2\text{-}8\Omega$), o de manejo de potencia, la última etapa o etapa de salida suele ser de configuración seguidor de voltaje, ya sea que se implemente con transistores tipo BJT o MOSFET, con una ganancia de cerca de 1. Esta configuración permite pasar de alta impedancia de entrada a baja impedancia en la salida, sin afectar significativamente la ganancia de las etapas anteriores.

Es entonces en la tercera etapa donde se suministra la potencia a los altavoces.

En los roles de cada etapa, la primera etapa tiene un roll fundamental, no solo en lo referente a la impedancia de entrada, sino también en el rechazo al ruido común y mejoramiento de la relación señal/ruido. Además, permite que se pueda emplear el amplificador en una configuración de par diferencial.

La ganancia de voltaje en esta etapa permite pre-amplificar la señal de entrada con muy bajo ruido, y entregarla a la etapa 2, donde se amplifica de nuevo para finalmente, llevarla a la salida en la etapa 3.

En lo que respecta a la segunda etapa, también de amplificación, se ha utilizado un transistor JFET en configuración de surtidor común. Esta configuración se caracteriza por ofrecer alta ganancia.

La tercera etapa es un seguidor de voltaje, de ganancia casi unitaria, se utilizan MOSFET, y pretende transferir potencia sobre una carga de baja impedancia.

A partir del amplificador diferencial se acoplan dos ramas idénticas, a la derecha (D) y a la izquierda (I) que proporcionan las dos salidas desfasadas

180º respectivamente.

Véase la figura 1, que muestra el esquema electrónico completo del amplificador propuesto.

Nótese, que tomando como centro el diferencial, se tiene dos ramas con configuraciones idénticas cada una.

En conjunto, el producto de la ganancia de las tres etapas será entonces el valor de la ganancia total del amplificador, que se espera cumpla con lo establecido, según los objetivos planteados.

El esquema de la figura 1 proporciona tanto los valores como las referencias de todos los componentes, así como también los puntos claves de monitorización de corriente y voltaje, de modo que puede tomarse como guía al momento de montar, ensamblar y probar el diseño.

Más detalles del esquema de diseño están disponibles en los apéndices de este trabajo.

En líneas generales, y como ya se dijo, este amplificador consta básicamente de tres etapas. Las cuales se resumen técnicamente a continuación:

1. *Etapa 1*: un amplificador diferencial construido con transistores tipo **JFET**, canal-N, modelos **2N5459**. Proporciona un factor **CMRR** mínimo de 59 dB, con una ganancia diferencial AV_{OL} ~10, y una impedancia de entrada ajustable. En este caso, se ha fijado dicha impedancia de entrada a un valor de ~39 kΩ.

2. *Etapa 2*: un amplificador en surtidor-común con el mismo transistor tipo **JFET**, canal-N, modelo **2N5459**. Proporciona una ganancia de AV_{OL} ~9.

3. *Etapa 3*: una configuración de seguidor de surtidor o drenador común, con transistores tipo **MOSFET** complementarios, modelos: **IRF540** canal-N, y **IRF9540** canal-P, complementarios. Proporciona

el acoplamiento y *matching* de impedancia necesario para transferir sobre una carga de 4 ohmios (preferida) la potencia necesaria. La ganancia en esta etapa es de $AV_{OL} \sim 0.76$.

A continuación, la figura 1 presenta el esquema electrónico propuesto para la construcción del amplificador.

En el esquema de la figura 1 se detallan:

- Los símbolos de llave indican la separación de las distintas etapas: D = derecha, I = Izquierda, ya mencionadas anteriormente.

- El circuito se alimentará con una fuente única de +12 V.

- Todas las etapas están acopladas en AC

- Se señalan los puntos clave de monitoreo de corriente y/o voltaje en el amplificador

- Se especifican todos los componentes y sus valores y/o referencias comerciales.

Esquema electrónico del amplificador Clase AB AMP-XZII

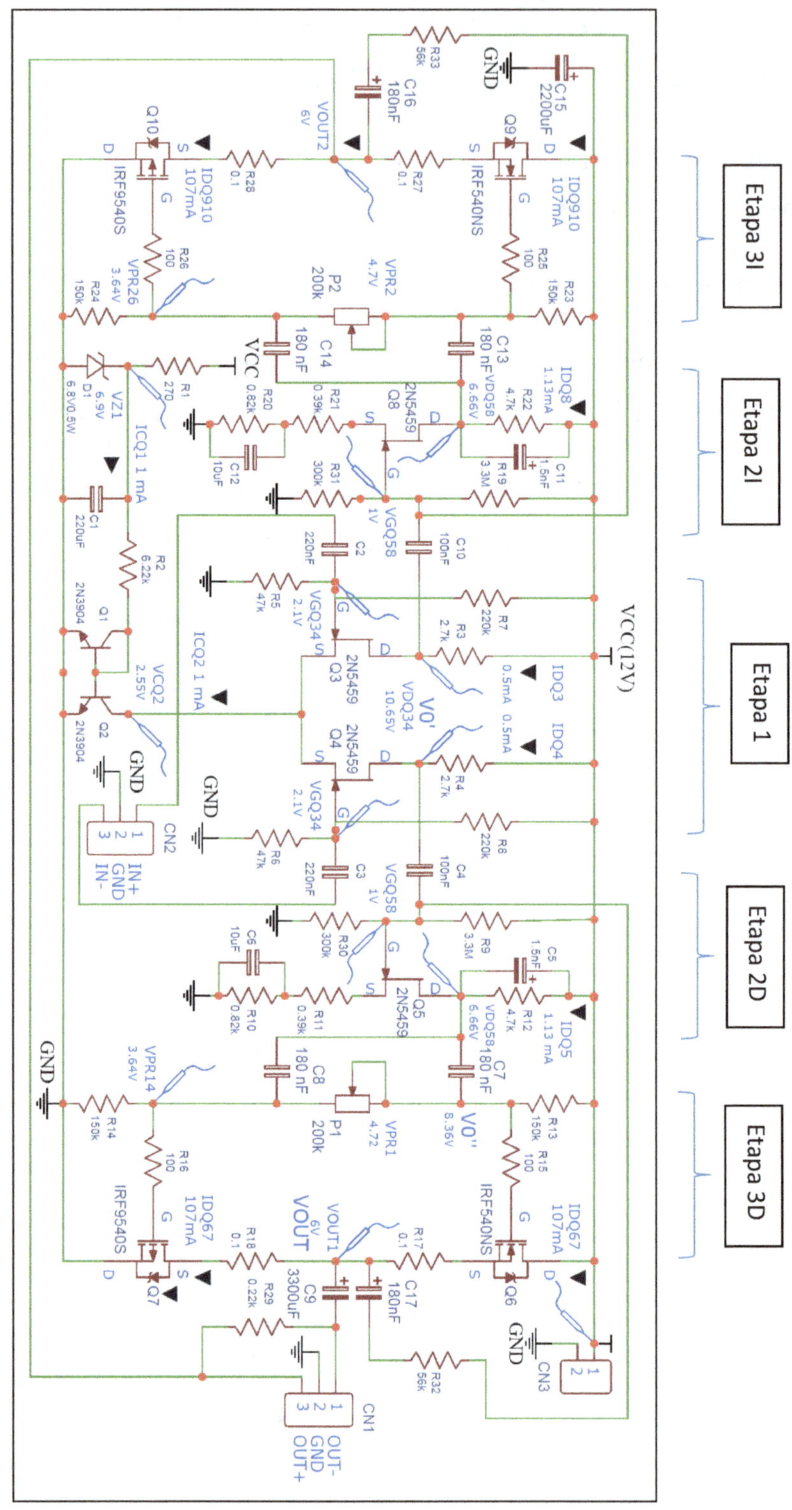

Figura 1. Esquema electrónico del modelo de amplificador Clase AB propuesto.

La tabla 1 muestra la lista completa de componentes correspondiente con el esquema de la figura 1.

Listado de componentes electrónicos del diseño

REF-Código	Especificación	Cant.
D1-BZX55C6V8	Diodo Zener 6.8V ½ watt	1
Q1, Q2 -2N3904	Transistor BJT, NPN, TO-92	2
Q3, Q4, Q5, Q8 -2N5459	Transistor JFET, canal N, TO-92	4
Q6, Q9 -IRF540	Transistor MOSFET, Canal N, TO220AB	2
Q7, Q10 -IRF9540	Transistor MOSFET, Canal P, TO220AB	2
R1 270 Ω	Resistor ¼ watt, 1%	1
R2, 6.22 kΩ	Resistor ¼ watt, 1%	1
R3, R4 2.7 kΩ	Resistor ¼ watt, 1%	2
R5, R6 47kΩ	Resistor ¼ watt, 1%	2
R7, R8 220 kΩ	Resistor ¼ watt, 1%	2
R13, R14, R23, R24 150k	Resistor ¼ watt, 1%	4
R9, R19 3.3 MΩ	Resistor ¼ watt, 1%	2
R10, R20 0.82kΩ	Resistor ¼ watt, 1%	2
R11, R21 0.39kΩ	Resistor ¼ watt, 1%	2
R15, R16, R25, R26 0.1k	Resistor ¼ watt, 1%	4
R17, R18, R27, R28 0.1Ω	Resistor ¼ watt, 1%	4
R12, R22 4.7k	Resistor ¼ watt, 1%	2
R29 220Ω	Resistor ¼ watt, 1%	1
R30, R31 300k	Resistor ¼ watt, 1%	2
R32, R33 56k	Resistor ¼ watt, 1%	2
PR1, PR2 -200 kΩ	Pot. Multivueltas, 25 vueltas. Ajuste vertical	2
C1 220µF/16V	Capacitor electrolito vertical, (Dia). 6.3 mm, 2.5mm pitch	1
C2, C3 220nF/16V	Capacitor cerámico vertical, 5 mm pitch	2
C4, C10 100nF/16V	Capacitor cerámico vertical, 5mm pitch	2
C5, C11 1.5nF/16V	Capacitor cerámico vertical, 5mm pitch	2
C6, C12 10µF/16v	Capacitor electrolito vertical, (Dia). 5 mm, 2 mm pitch	2
C7, C8, C13, C14, C16,C17 180nF/16V	Capacitor cerámico vertical, 5 mm pitch	6
C9 3300µF/16V	Capacitor electrolito vertical, (Dia). 13 mm, 5 mm pitch	1
C15 2200µF/16V	Capacitor electrolito vertical, (Dia). 12.5 mm, 5 mm pitch	1
Terminal Bloque 1x2	Terminal Block Phoenix 1x2,3.5 mm pitch	1
Terminal Bloque 1x3	Terminal Block Phoenix 1x3,3.5 mm pitch	2
Disipador de calor	TO-220AB	4

Tabla 1. Listado de componentes del amplificador AMP-XZII.

A continuación, se realizará el análisis teórico tanto en régimen DC como en AC, correspondiente a las tres etapas del amplificador.

El análisis del diseño se realizará a partir del esquema de la figura 1, y en base a poder contrastar con los criterios establecidos en los requerimientos técnicos del proyecto.

Los cálculos involucrados durante el análisis se presentarán de forma resumida.

Si desea consultar mayores detalles sobre los cálculos de este tipo de amplificador, conceptos básicos de electrónica y otros relacionados con el uso, configuración y aplicaciones de los transistores **BJT, FET y MOFET**, puede consultar la literatura de referencia citada en la bibliografía de este trabajo, también de este mismo autor.

Análisis DC: puntos de operación Q (Polarización)

Como ya se mencionó, en la etapa 1 (ver marcas de identificación de las distintas etapas en la figura 1), tenemos un amplificador diferencial, compuesto por los transistores Q_3 y Q_4, y que se encuentran polarizados por una fuente de corriente tipo espejo, conformada a su vez, por los transistores Q_1 y Q_2.

El voltaje de referencia para la fuente de corriente espejo está regulado por el diodo Zener (BZX55C6V8) de 6.8 V, ½ Watt.

El propósito de este Zener es proveer un voltaje de referencia mucho más estable para alimentación de la fuente de corriente espejo, que sería independiente frente a posibles variaciones tanto de subida como de bajada, del voltaje de la fuente de alimentación general $V_{CC} = 12$ V.

Adicionalmente, el capacitor C_1 se encarga de filtrar la tensión de rizado o *ripple*, que pudiera provenir también de la fuente de alimentación, y así de estabilizar aún más el voltaje DC del Zener, ofreciendo una referencia más fija, y por ende una corriente de espejo muy estable (constante).

La fuente de corriente espejo empleada en esta configuración, proporciona un valor fijo de corriente en I_{CQ2} (colector de Q2), que ayuda a mantener estables los puntos Q (*Quiescent point*) de operación de Q_3 y Q_4, al mismo tiempo que ofrece un valor alto de la impedancia que contribuye a que el diferencial tenga un mejor factor de rechazo al ruido en modo común (CMRR). Es decir, que mejora notablemente la relación señal/ruido.

Se comenzará el análisis por los elementos que conforman la fuente de corriente espejo y así sucesivamente.

La corriente máxima del Zener D1 (BZX55C6V8) es:

Modelo: BZX55C6V8

Potencia máxima: 0.5 W (datos del fabricante)

Por definición: $P = I.V$

Luego:
$$I_{ZenerMax} = \frac{P_{max}}{V_n} = \frac{0.5\,W}{6.8\,V} = 73.5\,mA$$

Dónde: $I_{ZenerMax}$ representa la corriente máxima del Zener dónde alcanza su potencia máxima.

Ahora la corriente de Zener mínima necesaria para que el Zener se mantenga con la misma impedancia Zener (Z_{ZT}) y opere en su zona lineal, es decir, en la zona de voltaje constante (regulación) es:

$$I_{Zenermin} \cong (5 - 10\,\%)\ de\ I_{ZenerMax}$$

Esto es:
$$I_{Zenermin} \cong 4\,mA\ (\sim 5.5\%\ del\ máximo)$$

En otras palabras, hay que mantener la corriente del Zener por encima de 4 mA, si queremos que su impedancia (Z_{ZT}) y voltaje se mantengan. Esto asegura que el Zener opere siempre en la zona de regulación de voltaje o de voltaje constante.

El diodo Zener posee una impedancia interna asociada (Z_{ZT}), que es característica, según el tipo de Zener, y que provoca una pequeña caída interna de tensión conforme la corriente de trabajo del Zener.

Si el Zener opera con una corriente de 21 mA, por ejemplo, y la impedancia

Zener reportada en su hoja de datos es de aproximadamente 8 Ω. El voltaje esperado del Zener para cualquier corriente actual puede ser calculado a través de la siguiente expresión:

$$V_{Zener} = V_n + I_{Zener} Z_{zT}$$

Dónde:

V_{Zener} = voltaje del Zener en el punto de operación

V_n = voltaje nominal del Zener según modelo teórico con $I_{Zener} = 0$

I_{Zener} = corriente de trabajo del Zener

Z_{ZT} =   impedancia del Zener en el punto de operación

Según la hoja de datos del fabricante (tabla 2), tenemos:

$$V_{ZT} = V_{Zener} = 6.8\,V; \quad I_{ZT} = I_{Zener} = 5\,mA; \quad Z_{ZT} < 8\,\Omega$$

Type BZX55C...	V_{Znom} V	I_{ZT} mA	for V_{ZT} and r_{ziT} V 1)	Ω	r_{zik} at I_{ZK} Ω	mA	I_R and I_R at V_R µA	µA 2)	V	TK_{VZ} %/K
2V4	2.4	5	2.28 to 2.56	< 85	< 600	1	< 50	< 100	1	−0.09 to −0.06
2V7	2.7	5	2.5 to 2.9	< 85	< 600	1	< 10	< 50	1	−0.09 to −0.06
3V0	3.0	5	2.8 to 3.2	< 85	< 600	1	< 4	< 40	1	−0.08 to −0.05
3V3	3.3	5	3.1 to 3.5	< 85	< 600	1	< 2	< 40	1	−0.08 to −0.05
3V6	3.6	5	3.4 to 3.8	< 85	< 600	1	< 2	< 40	1	−0.08 to −0.05
3V9	3.9	5	3.7 to 4.1	< 85	< 600	1	< 2	< 40	1	−0.08 to −0.05
4V3	4.3	5	4.0 to 4.6	< 75	< 600	1	< 1	< 20	1	−0.06 to −0.03
4V7	4.7	5	4.4 to 5.0	< 60	< 600	1	< 0.5	< 10	1	−0.05 to +0.02
5V1	5.1	5	4.8 to 5.4	< 35	< 550	1	< 0.1	< 2	1	−0.02 to +0.02
5V6	5.6	5	5.2 to 6.0	<25	< 450	1	< 0.1	< 2	1	−0.05 to +0.05
6V2	6.2	5	5.8 to 6.6	< 10	< 200	1	< 0.1	< 2	2	0.03 to 0.06
6V8	6.8	5	6.4 to 7.2	< 8	< 150	1	< 0.1	< 2	3	0.03 to 0.07

Tabla 2. Información extraída de la hoja de datos del fabricante: para BZX55C6V8 (D1-6.8V, 0.5W). Fuente: Internet

En este caso, lo que el fabricante llama V_{Znom} (tabla 2) es el equivalente del V_{Zener} en la ecuación de arriba.

Aplicando entonces la ecuación:

$$V_{Zener} = V_n + I_{Zener} Z_{zT}$$

Y, despejando el término V_n y calculando su valor tenemos (con $Z_{ZT} = 8\,\Omega$ y $I_{Zener} = 5$ mA)):

$$V_n = V_{Zener} - I_{Zener}Z_{zT} = 6.8V - 5mA8\Omega = 6.76\ V$$

V_n es entonces la tensión nominal interna del Zener cuando $I_{Zener} = 0$

Ahora, utilizando la misma ecuación pero con una corriente de trabajo de 21 mA tenemos:

$$\boxed{\boldsymbol{V_{ZenerD1} = 6.76V + 0.168V = 6.928\ V}} \mid I_{ZD1} = 21\ mA;\ Z_{ZT} = 8\ \Omega;\ Vn = 6.76\ V$$

Ahora el valor de la resistencia R_{11} que permite que el Zener converja con la corriente I_{zener} deseada es:

$$R_{11} = \frac{(V_{CC} - V_{Zener})}{I_{Zener}}$$

$$R_{11} = \frac{(12\ V - 6.928\ V)}{21\ mA} = 241.52\ \Omega$$

R_{11} puede aproximarse a un valor comercial de 270 Ω.

$$\boxed{R_{11} = 270\ \Omega}$$

Con $R_{11} = 270\Omega$, la corriente del Zener D1 que resulta será un poco más baja, que la calculada, pero aún suficiente para mantener al Zener en la zona lineal de regulación. Consecuentemente, la tensión Zener también será ligeramente inferior. Pero a efectos prácticos, la diferencia es muy baja, por lo que mantendremos como referencia el valor V_{Zener} ya calculado.

La corriente de Zener ajustada será:

$$I_{Zener} = \frac{V_{CC} - V_Z}{R_{11}} = \frac{(12\ V - 6.928\ V)}{270} = 18.78\ mA$$

Luego, para comprobar, la potencia disipada por R_{11} es:

$$P_{R11} = I^2 R_{11} = (18.78\ mA)^2 . 270\Omega = 0.095\ W \cong 100\ mW$$

El valor comercial escogido para R_{11} es entonces:

$$R_{11} = 270\ \Omega\ ;\ 250\ mW$$

R_{11} no excede los 100 mW.

Ahora, la potencia disipada por el Zener en el punto de trabajo será:

$$P = V * I = 6.93V * 18.78mA = 0.13\ W \ll 0.5\ W$$

El Zener D1 no excede los 130 mW.

Se considera entonces que el Zener puede operar de modo térmicamente estable en el punto Q seleccionado (I_{ZT} = 18.78 mA), al estar muy por debajo de su límite de potencia máxima.

El valor actual de la corriente I_{ZT} permite mantener al Zener D1 (6.8V) en una región de respuesta lineal, de impedancia constante, fuera de la zona de inflexión o rodilla (*knee*), y estable frente a las posibles variaciones de la fuente de alimentación, minimizando así cualquier efecto de fluctuación leve de la fuente de alimentación sobre la tensión del Zener, de modo que la referencia de voltaje para la fuente de corriente espejo (Q_1 y Q_2) se mantenga lo más estable posible.

El valor de la corriente del Zener D1 se escogió tomando en cuenta dos criterios: operar con seguridad en la zona de regulación, y que genere un nivel de potencia razonablemente bajo para el Zener y aceptable para la eficiencia del amplificador.

Continuado ahora con la fuente de corriente espejo conformada por Q_1 y Q_2 tenemos que la corriente I_{Q2} es:

Por definicíon en la fuente espejo: $I_{CQ1} = I_{CQ2}$

Luego:
$$I_{CQ1} = I_{CQ2} = \frac{V_{Zener} - V_{be}}{R_2}$$

Dónde: V_{BE} = 0.7V

V_{BE} = 0.7V se considera aquí la caída normal de la juntura base-emisor de un transistor de silicio en su zona lineal.

$$I_{CQ2} = I_{R2}\ \frac{6.92\ V - 0.7}{6.22\ k\Omega} = 1\ mA$$

En Q_3 y Q_4 tenemos: $\qquad\qquad I_{DQ3} = I_{DQ4}$

Luego en el nodo del colector de Q_2: $\quad I_{CQ2} = I_{DQ3} + I_{DQ4}$

Luego: $\qquad\qquad \boxed{I_{DQ3} = I_{DQ4} = \dfrac{I_{CQ2}}{2} = 0.5\ mA}$

Para que lo anterior sea cierto, se requiere que ambos transistores Q_3 y Q_4 sean también lo más idénticos posible. Sobre esto se comentará más adelante.

Q_3 y Q_4 son transistores JFET modelo 2N5459. De la hoja de datos del fabricante cuyo extracto se muestra respectivamente en la tabla 3 y la figura 2, se puede observar un rango de variación muy grande para establecer los valores de los parámetros: I_{DSS} y V_P del 2N5459. Lo cual, hace difícil concretar de manera exacta, un punto V_{GS} de operación para que $I_D = 0.5$ mA.

OFF CHARACTERISTICS							
$V_{(BR)GSS}$	Gate-Source Breakdown Voltage	$I_G = 10\ \mu A,\ V_{DS} = 0$		- 25			V
I_{GSS}	Gate Reverse Current	$V_{GS} = -15\ V,\ V_{DS} = 0$				- 1.0	nA
		$V_{GS} = -15\ V,\ V_{DS} = 0,\ T_A = 100°C$				- 200	nA
$V_{GS(off)}$	Gate-Source Cutoff Voltage	$V_{DS} = 15\ V,\ I_D = 10\ nA$	2N5457	- 0.5		- 6.0	V
			2N5458	- 1.0		- 7.0	V
			2N5459	- 2.0		- 8.0	V
V_{GS}	Gate-Source Voltage	$V_{DS} = 15\ V,\ I_D = 100\ \mu A$	2N5457		- 2.5		V
		$V_{DS} = 15\ V,\ I_D = 200\ \mu A$	2N5458		- 3.5		V
		$V_{DS} = 15\ V,\ I_D = 400\ \mu A$	2N5459		- 4.5		V
ON CHARACTERISTICS							
I_{DSS}	Zero-Gate Voltage Drain Current*	$V_{DS} = 15\ V,\ V_{GS} = 0$	2N5457	1.0	3.0	5.0	mA
			2N5458	2.0	6.0	9.0	mA
			2N5459	4.0	9.0	16	mA

Tabla 3. 2N5459. Extracto de la hoja de datos de un fabricante. Fuente: Internet

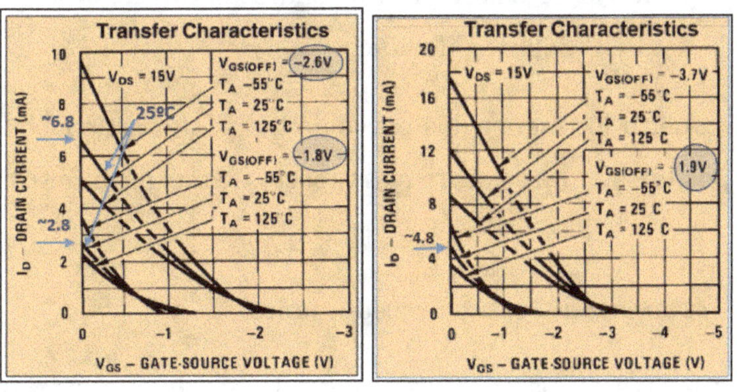

Figura 2. 2N5459. Corriente de Drenador Vs. Voltaje V_{GS}. Fuente: Internet

En este caso, y debido a que en la práctica los JFET presentan un rango de variación considerable de sus parámetros, según su fabricante, se recurrirá previo a los cálculos teóricos, de a una caracterización previa de los transistores JFET 2N5459 que se van a utilizar, a fin de estimar más adecuadamente los parámetros V_{GS}, I_{DSS} y V_P, y así afinar en el modelo de cálculo teórico.

La metodología a seguir será realizar un experimento en el que se caracterizarán una muestra de 5 transistores JFET 2N5459, de un mismo lote, adquiridos previamente. Luego, se seleccionarán para su uso aquellos que mejor se aproximen a la curva media obtenida, que será la empleada en el modelo de ecuación de cálculo teórico.

De esta forma, se descartan aquellos que más desviación presenten respecto de la media o del resto de los transistores evaluados del mismo tipo y lote.

Lo anterior garantiza la simetría en el par diferencial, mejorando aún más el factor de rechazo al ruido común. Además, equipara también la simetría general y por ende, de la salida del amplificador.

Para realizar todo lo anterior, se requiere disponer previamente de: transistores 2N5459, de un arreglo o set de experimentación-caracterización, recoger los datos pertinentes, analizar los resultados, generar el modelo teórico correcto, y finalmente, filtrar los transistores que cumplan con el criterio de selección. Los cuáles serán los que se utilicen en el ensamblado del PCB del amplificador

La idea es obtener a los menos dos pares de transistores de tipo 2N5459 que sean lo más posible similares entre sí, respecto de sus parámetros V_{GS}, I_{DSS} y V_P.

A continuación, describimos este procedimiento.

La figura 3 muestra el arreglo experimental para la caracterización de los transistores 2N5459.

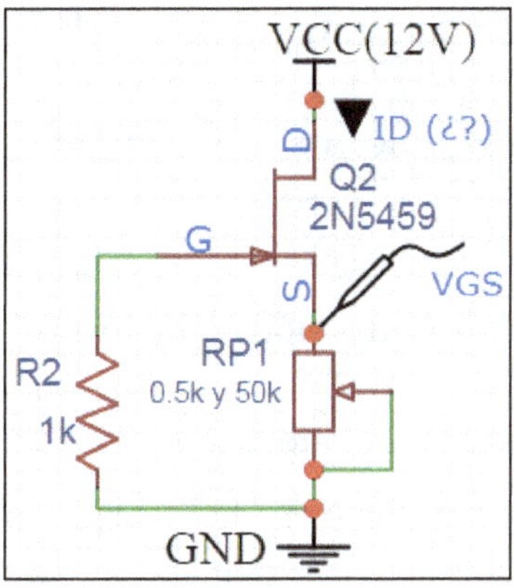

Figura 3. Arreglo experimental para caracterizar I$_{DSS}$ y V$_P$ en el 2N5459. Se usan dos potenciómetros de 0.5k y 50k respectivamente.

En el circuito dela figura 3 se utilizaron dos potenciómetros. El primero de 500Ω, se usó para la exploración del rango desde V$_{GS}$ = 0 V y hasta cerca de V$_{GS}$ = 400 mV. A partir de allí se utilizó el potenciómetro de 50k para explorar los puntos de V$_{GS}$ entre 400 mV y 600 mV.

La forma de medir la corriente de drenador I$_D$ y el voltaje puerta-surtidor V$_{GS}$, fue variando el potenciómetro RP1 (inicialmente RP1=0Ω) hasta conseguir el valor determinado del voltaje V$_{GS}$, según la tabla 4, y midiendo su respectiva corriente I$_D$.

En este procedimiento se empleó un polímetro convencional para medir la corriente (mA, tres dígitos), y un osciloscopio Marca: Hanmatek. Modelo: DOS1102, para medir la tensión V$_{GS}$.

En su defecto, se puede utilizar dos polímetros, uno para medir la corriente de drenador I$_D$, y otro para medir la tensión de compuerta V$_{GS}$.

Se estiman que 22 medidas repartidas en el rango 0-600mV serán suficientes para obtener una curva I$_D$ vs V$_{GS}$ con suficiente precisión. De modo que se utiliza el potenciómetro RP1 para moverse en pasos incrementales según la disposición de valores mostrados en la tabla 4, para la variable independiente que es la tensión V$_{GS}$.

Como ya se mencionó, a cada valor de la tensión V$_{GS}$, se mide la correspondiente corriente I_D generada.

Se comienza por V_{GS}=0V que se corresponde con el valor 0Ω del potenciómetro RP1.

El voltaje de referencia de alimentación V_{CC} será de 12V.

La tabla 4 muestra la disposición de los parámetros y los datos recogidos según los experimentos realizados para los 5 transistores 2N5459 adquiridos en un mismo lote.

VGS (V)	T1 (mA)	T2 (mA)	T3 (mA)	T4 (mA)	T5 (mA)
0,000	9,12	8,00	9,25	9,25	9,25
-0,025	8,62	7,37	8,69	8,83	8,69
-0,050	7,91	6,68	7,97	8,11	7,98
-0,075	7,21	6,01	7,29	7,42	7,29
-0,100	6,54	5,40	6,61	6,74	6,63
-0,125	5,90	4,80	5,96	6,09	5,98
-0,150	5,29	4,21	5,34	5,47	5,36
-0,175	4,69	3,67	4,74	4,86	4,77
-0,200	4,13	3,15	4,17	4,29	4,20
-0,225	3,60	2,68	3,62	3,73	3,66
-0,250	3,10	2,23	3,10	3,23	3,15
-0,275	2,62	1,82	2,62	2,75	2,68
-0,300	2,18	1,46	2,19	2,30	2,24
-0,325	1,75	1,13	1,78	1,89	1,84
-0,350	1,44	0,86	1,43	1,53	1,48
-0,375	1,12	0,62	1,12	1,20	1,16
-0,380	1,06	0,58	1,05	1,14	1,10
-0,400	0,85	0,44	0,85	0,92	0,89
-0,425	0,62	0,30	0,62	0,68	0,65
-0,470	0,32	0,14	0,32	0,36	0,34
-0,560	0,06	0,02	0,06	0,07	0,06
-0,605	0,02		0,023	0,024	0,02

Tabla 4. Caracterización I_D Vs V_{GS} de 5 transistores 2N5459. T=25°C.

Como puede observarse a simple vista, los transistores T1, T3, T4 y T5 muestran un match aceptable. Mientras que el transistor T2 se aleja un poco de lo que sería la media. La figura 4 muestra las curvas I_D vs V_{GS} para cada uno de los transistores examinados.

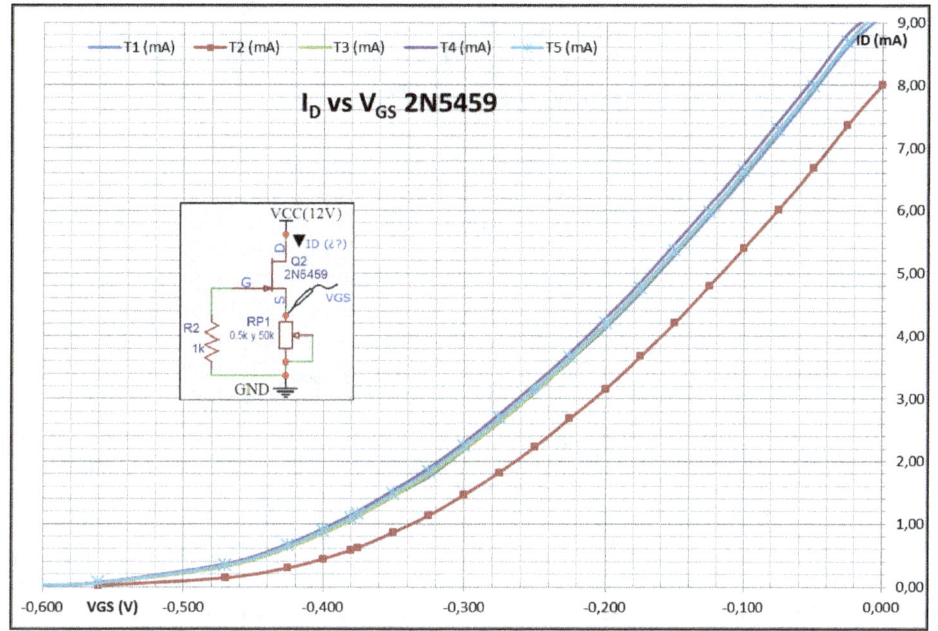

Figura 4. I_D Vs V_{GS}. Para los transistores T1:T5. Modelo: 2N5459

En las curvas de la figura 4 puede notarse también que los transistores T1, T3, T4 y T5 tiene una respuesta bastante similar. T2 exhibe una respuesta un poco distinta del resto.

En base a los datos anteriores podemos asumir los siguientes valores de parámetros.

$$\boxed{I_{DSS} = 9.2 \text{ mA y } V_P = -0.573 \text{ V}}$$

Por definición, la curva teórica del FET es: $I_D = I_{DSS}(1 - \frac{V_{GS}}{V_P})^2$

La figura 4.2 muestra las curvas T1, T3, T4, T5 y la curva teórica de ajuste calculada con los parámetros arriba indicados.

Nótese que la curva teórica se ajusta bastante bien al conjunto de curvas de T1, T3, T4 y T5. Especialmente para los valores de corriente por debajo de los 3mA. Lo que permite inferir que los valores de los parámetros I_{DSS} y V_{GS} estimados para el lote examinado de transistores 2N5459 son válidos.

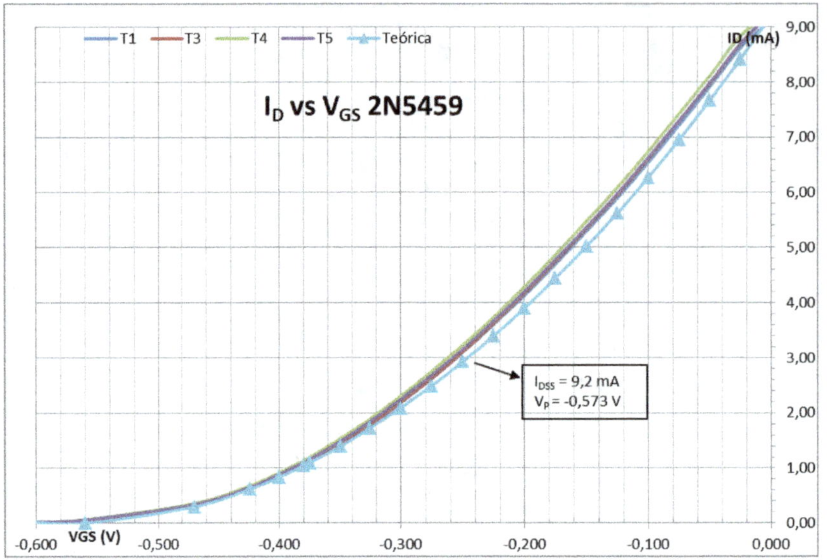

Figura 4.2. I_D Vs V_{GS}. Para los transistores T1, T3, T4, y T5 junto a la curva teórica (estimada). Modelo: 2N5459.

Finalmente, como conclusión luego de la caracterización de 5 transistores modelo 2N54559, tenemos una estimación más práctica para los parámetros de V_P e I_{DSS} del transistor:

Transistor: 2N5459 JFETcanal-N

Vp = V_{GSOFF} $\cong$ -0.573V. Tensión de corte donde $I_D \rightarrow 0$ mA

I_{DSS} ~ 9.2 mA. Corriente de saturación del canal. V_{GS} = 0 V

Se procede ahora a realizar los cálculos pertinentes en el modelo de amplificador planteado según la figura 1, tomando como base estos parámetros ya establecidos en la práctica, y válidos para el conjunto de transistores modelo 2N5459 previamente adquiridos.

En la etapa 1 tenemos una fuente de corriente espejo que fija las corrientes en los surtidores Q3 y Q4. Véase la figura 1.

Retomado que: $I_{DQ3} = I_{DQ4} = I_{CQ2}/2 = 0.5$ mA

Y recordando que la ecuación del FET es:

$$I_D = I_{Dss} \left(1 - \frac{V_{GS}}{V_P}\right)^2$$

Con: $\qquad I_D = 0.5\ mA;\ I_{Dss} = 9.2\ mA;\ V_p = -0.573V$

Despejando al término V$_{GS}$ tenemos:

$$V_{GS} = \left(1 - \sqrt{\frac{I_D}{I_{Dss}}}\right) V_P$$

$$\boxed{V_{GS} = V_{GSQ3} = V_{GSQ4} = -0.439\ V \sim -0.44V}$$

La tensión V$_{GS}$ en un FET de canal N tiene que ser negativa.

La tensión DC en las compuertas de Q$_3$ Y Q$_4$ (V$_{GQ34}$) están desplazadas por el divisor de tensión R$_7$-R$_5$ en Q$_3$ y por R$_8$-R$_6$ en Q$_4$ respectivamente. Véase la figura 1.

Como ambos divisores son idénticos, aplica generalizar que el voltaje de compuerta V$_{G34}$ será idéntico para ambos transistores.

$$\boxed{V_{G34} = V_{CC}\frac{R_5}{(R_5 + R_7)} = 12V\frac{47k}{(47k + 220k)} = 12V * 0.17 = 2.11\ V}$$

Luego como la tensión de operación $V_{GSQ4} = -0.44\ V$

Y tenemos que: V$_{GS}$ = V$_G$ −V$_S$

De dónde V$_S$ = V$_G$. V$_{GS}$

Tenemos: $\qquad \boxed{V_{CQ2} = V_S = 2.11\ V + 0.44\ V \sim 2.55V}$

Esto significa que el voltaje en el colector de Q$_2$ es V$_{CQ2}$ = 2.55V.

La figura 5 muestra un extracto de la figura 1que indica de etapa 1.

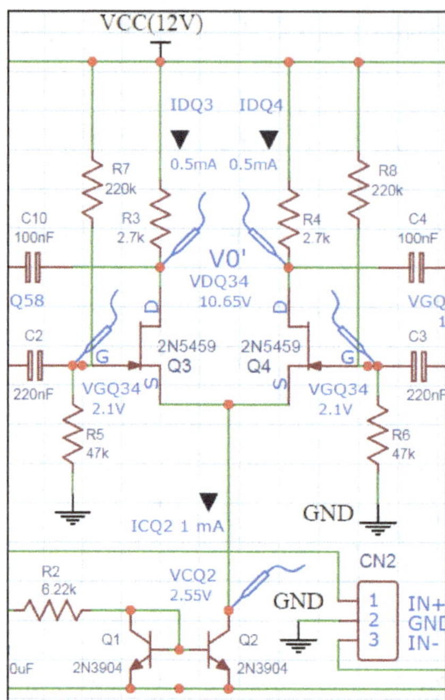

Figura 5. Extracto del esquema dela figura 1, mostrando la etapa 1. Análisis DC.

Recuerde que para que la fuente de corriente sea un espejo perfecto es necesario que la diferencia de voltaje entre los colectores de Q_1 y Q_2, sea lo más pequeña posible, y que además la juntura base-emisor de ambos se mantenga también a una temperatura muy similar. De lo contrario, las corrientes de Q_1 y Q_2 podrían ser muy distintas.

Es recomendable entonces que Q_1 y Q_2 estén situados en el mismo ambiente térmico, esto es, físicamente uno muy cerca del otro.

En este caso, se puede observar que la potencia de Q_2 es casi el doble de Q_1.

$$P_{Q2} = V * I = 2.55\,V * 1\,mA = 2.55\,mW$$

$$P_{Q1} = V * I = 0.7\,V * 1\,mA = 0.7\,mW$$

No obstante, estos niveles de potencia en el orden de 0.7-3mW, no producen un calentamiento adicional significativo en el transistor por encima de la temperatura ambiente de referencia de 15-25°C. Por lo que puede considerarse que ambos transistores operan a una temperatura similar, que es la temperatura ambiente.

Por otro lado, en la curva de la figura 6 se puede deducir que para el transistor 2N3904, la ganancia de corriente (h_{FE}) aumenta con la temperatura.

Para una corriente de colector de 1 mA, el coeficiente de variación estimado es de $0.0047 h_{FE}/°C$ (estimado de la gráfica de la figura 6). Por lo que una variación de 10 °C (por ejemplo) por encima de la temperatura de referencia de 25 °C, representaría una variación aproximada del h_{FE} de apenas +0.047, es decir, un 4.7% mayor.

Lo anterior significa que si los transistores Q2 y Q1 tienen una temperatura de capsula similar, entonces sus parámetros de corriente también serán muy similares. Es decir, estarán compensados térmicamente.

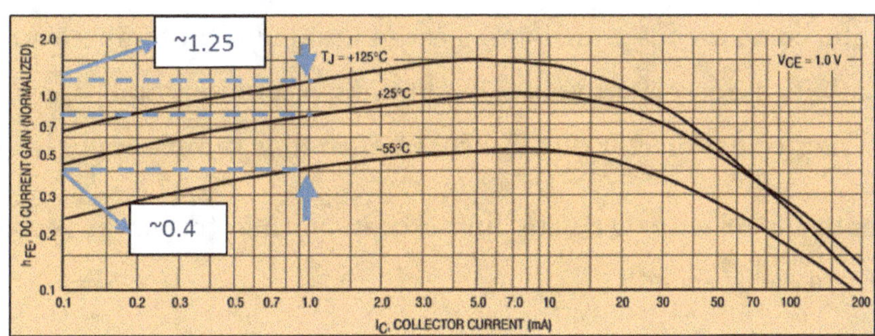

Figura 6. 2N3904. Corriente de colector I_C Vs. h_{FE} (normalizado). Fuente: Internet

No obstante, está claro el efecto directo que la temperatura tiene sobre el aumento del parámetro h_{FE}, y en particular, en el rango de 0.1-20 mA, y que tiene por efecto definitivo el aumento de la corriente de colector en el transistor.

Esto es, un aumento en la temperatura ambiente en ambos transistores, tenderá a aumentar la corriente de colector en ambos, esto debido a que la caída en la juntura V_{BE} de Q_1 y Q_2 tienden a disminuir, por efecto de su resistencia negativa, y, por ende, haciendo a su vez que aumente la caída de tensión en R_1, lo que causaría a su vez que aumentara la corriente de colector en Q_1 y Q_2.

El efecto de la temperatura sobre la tensión V_{BE} en un transistor de silicio es teóricamente de -2.5mv/°C, aunque en la práctica, pudiera ser mucho menos.

Es decir, que si la tensión V_{BE} = 0.7V a 25°C, y la temperatura ambiente pasa de 25°C a 100°C (Δ=75°C), la tensión V_{BE} disminuirá hasta legar a: 0.51V. Lo que significa que la nueva corriente de colector I_{CQ2} será ahora:

$$I_{CQ2} = I_{CQ1} = \frac{V_{Zener} - V_{be}}{R_1} = \frac{6.928V - 0.51V}{6.22k\Omega} = 1.03\ mA$$

Esto significa, que para un cambio de incremento de la temperatura en 75°C, la corriente de colector I_{CQ2} aumentará alrededor de un 3%, lo cual es consistente con las tendencias de las curvas de la figura 6.

No obstante, como ambos transistores están igualados en temperatura, y en su tensión V_{BE}, el incremento del h_{FE} es también igual en ambos, por lo que ambas corrientes de colector (Q_1, Q_2) serán afectadas también iguales.

La corriente de colector Q1 está limitada mayormente por la tensión del Zener D1 y la resistencia R_1.

Lo anterior significa que es estos valores son compatibles con un ambiente de trabajo normal, es decir, temperaturas normales, con una adecuada ventilación por aire. Por lo que se considera valores relativamente estables frente a cambios de temperatura no extremos, sino más bien normales, esto es, según la consideración anterior, dentro de un rango de +/-50°C, tomándose en cuenta que con una variación máxima de 75°C, es ya un valor extremo de funcionamiento.

Lo mismo ocurriría si a la temperatura baja. En este caso, el efecto sobre la tensión V_{BE} será de aumento, consecuentemente la corriente I_{CQ2} variaría hacia la baja según los mismos criterios ya aplicados.

La temperatura límite de operación de Q_1 y Q_2 por debajo de 25°C según la hoja de datos del fabricante sería de hasta -55°C.

Loa anterior aplica siempre y cuando se afecte por igual a ambos transistores.

Debido a que la tensión del Zener D1 es relativamente mucho más grande que la tensión V_{BE}, la variación de esta última afecta muy poco a la estabilidad de la corriente de colector en Q_1 y Q_2.

Se prevé entonces que la ubicación espacial de Q_1 y Q_2 en la placa PCB debe ser adecuada, a fin de cumplir con los criterios de temperatura ya arriba indicados.

En términos prácticos, para una temperatura de referencia de 20-25°C, puede decirse que la corriente en ambos transistores sería muy similar, cerca de 1 mA.

Continuando con el análisis DC de la primera etapa:

El voltaje en ambos drenadores (Q_3 y Q_4) (véase la figura 1 y 5) será entonces:

$V_{DQ3} = V_{DQ4} = VO'$

$$VO' = V_{cc} - I_{DQ4}R_2$$

$$\boxed{VO' = 12\,V - 0.5\,mA\,2.7k\Omega = 10.65\,V}$$

El voltaje V_{DS} de ambos transistores (Q3 y Q4) será:

$$V_{DSQ3} = V_{DSQ4} = VO' - V_{CQ2}$$

$$V_{DSQ3} = V_{DSQ4} = 10.65\,V - 2.55\,V = 8.1\,V$$

Hasta aquí se ha analizado y calculado lo referente a la polarización DC de la etapa 1, la fuente de corriente espejo y de la tensión de referencia del Zener D1. Se continúa ahora con la etapa 2.

Analizando la segunda etapa (ver figura 7) tenemos:

Esta acoplada en AC (C_4) a la etapa anterior.

Utiliza un JFET de canal N. El mismo modelo de la etapa 1: 2N5459

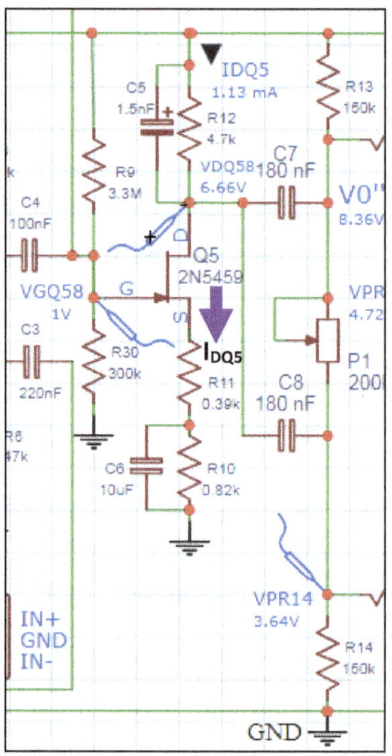

Figura 7. Extracto de la figura 1 indicando la etapa 2 del amplificador.

Para encontrar el punto Q (DC) de operación tenemos que seguir la malla compuerta-surtidor así:

$$-V_G + V_{GS} + I_D(R_{11} + R_{10}) = 0$$

Despejando la corriente I_D:

$$I_D = \frac{V_G - V_{GS}}{(R_{11} + R_{10})}$$

Para un JFET canal-N la tensión V_{GS} tiene que ser negativa. La tensión $V_{GSOFF} = V_P$ también es negativa.

La tensión en la compuerta V_{GQ58} para Q_5 y Q_8 es:

$$V_{GQ58} = V_{CC}\frac{R_{30}}{(R_{30} + R_9)} = 12V\frac{300k}{(3.3M + 300k)} = 1V$$

Recuérdese que las etapas 2I y 2D son idénticas, por lo que solo se calcula una sola. Lo mismo aplica para las etapas 3I y 3D.

Como ya se dijo, la ecuación de la corriente I_D del FET es:

$$I_D = I_{Dss}(1 - \frac{V_{GS}}{V_P})^2$$

Igualando las expresiones para la corriente I_D en el circuito tenemos:

$$\frac{V_G - V_{GS}}{(R_{10} + R_{11})} = I_{Dss}(1 - \frac{V_{GS}}{V_P})^2$$

Para simplificar hacemos $R_S = (R_{10} + R_{11})$. Luego, desarrollando y reacomodando la expresión anterior tenemos:

$$V_{GS}^2 + V_{GS}V_p^2\left(\frac{1}{R_S I_{DSS}} - \frac{2}{V_p}\right) + V_p^2\left(1 - \frac{V_G}{R_S I_{DSS}}\right) = 0$$

La ecuación anterior tiene la forma:

$$ax^2 + bx + c \text{ (ecuación de segundo grado)}$$

Dónde los coeficientes son:

$$a = 1$$

$$b = V_p^2\left(\frac{1}{R_S I_{DSS}} - \frac{2}{V_p}\right) = 1.1755$$

$$c = V_p^2\left(1 - \frac{V_G}{R_S I_{DSS}}\right) = 0.2988$$

Cuya solución es:

$$V_{GS1} = \frac{-b + \sqrt{b^2 - 4ac}}{2a} = -0.3718 \sim -0.372$$

Y

$$V_{GS2} = \frac{-b - \sqrt{b^2 - 4ac}}{2a} = -0.804$$

Como la solución V$_{GS2}$= -0.804 está fuera del rango real de trabajo, ya que el voltaje V$_P$ = -0.573V, se escoge la solución V$_{GS1}$= -0.372V.

Es decir, que el punto Q V$_{GS}$ de operación para Q$_5$ y Q$_8$ será:

$$V_{GSQ5} = V_{GSQ8} = V_{GSQ58} \sim -0.372V$$

Y, la corriente que se corresponde con este V$_{GS}$ será:

$$I_{DQ58} = I_{Dss}\ (1 - \frac{V_{GS}}{V_P})^2 = 9.2mA(1 - \frac{-0.372V}{-0.573V})^2 = 1.1343\ mA$$

Luego:

$$I_D = I_{DQ5} = I_{DQ8} \sim 1.13\ mA$$

El voltaje en drenador de Q$_5$ = V0" será:

$$V0'' = V_{CC} - I_{DQ5}R_{12}$$

$$V0'' = 12V - 1.1343\ mA\ 4.7\ k\Omega \sim 6.66\ V$$

El voltaje V$_{DS5}$ será:

$$V_{DSQ5} = V_{CC} - I_{DQ5}\ (R_{10} + R_{11} + R_{12})$$

$$V_{DSQ58} = 12\ V - 1.1343mA\ 5{,}910\ k\Omega = 5.29\ V$$

El voltaje en el surtidor Q$_5$ y Q$_8$ será:

$$V_{SQ58} = I_D R_{11} R_{10} = 1.1343mA * (0.39k\Omega + 0.82k\Omega) = 1.372V$$

Finalmente, puede comprobarse que la tensión V$_{GS}$ de Q$_5$ y Q$_8$ en la etapa 2D y 2I respectivamente es:

$$V_{GSQ58} = V_{GQ58} - V_{SQ58} = 1V - 1.372V = -0.372V$$

Otra alternativa para encontrar el punto de operación Q (V$_{GS}$, I$_D$), en Q$_5$ y Q$_8$ respectivamente, es mediante el uso del método gráfico.

En este caso, se grafican las ecuaciones del FET y de la malla que recorre la tensión V_{GS}.

Las ecuaciones a graficar son:

$$I_{D1} = I_{Dss}\left(1 - \frac{V_{GS}}{V_P}\right)^2 \qquad \text{JFET}$$

$$I_{D2} = \frac{V_G - V_{GS}}{(R_{11} + R_{10})} \qquad \text{Gate-Surtidor (GS)}$$

El punto de intersección de ambas curvas indica el punto Q de operación: V_{GS}, I_D, válido de convergencia para el sistema planteado.

Para ello, es recomendable evaluar ambas expresiones con un mismo rango de valores para V_{GS}. La tabla 5 presenta estos valores.

VGS (V)	JFET ID (mA)	GS ID (mA)	Dif.
0,000	9,200	0,826	8,37
-0,025	8,415	0,847	7,57
-0,050	7,664	0,868	6,80
-0,075	6,949	0,888	6,06
-0,100	6,269	0,909	5,36
-0,125	5,624	0,930	4,69
-0,150	5,014	0,950	4,06
-0,175	4,439	0,971	3,47
-0,200	3,898	0,992	2,91
-0,225	3,393	1,012	2,38
-0,250	2,923	1,033	1,89
-0,275	2,488	1,054	1,43
-0,300	2,088	1,074	1,01
-0,325	1,723	1,095	0,63
-0,350	1,393	1,116	0,28
-0,375	1,099	1,136	0,04
-0,380	1,044	1,140	0,10
-0,400	0,839	1,157	0,32
-0,425	0,614	1,178	0,56
-0,470	0,297	1,215	0,92
-0,560	0,005	1,289	1,28

Tabla 5. Valores de I_D Vs V_{GS}, según el sistema de ecuaciones arriba planteado.

La zona resaltada indica un punto aproximado, muy cercano, de donde convergen ambas curvas. Véase que los valores de I_D para la zona resaltada presentan la menor diferencia (0.04).

Eventualmente, con suficiente precisión se puede encontrar mediante la tabla el valor exacto de convergencia tanteando tanto valores como sea posible. La tabla 5, solo muestra los valores indicados.

Po otro lado, la representación gráfica también puede indicar también el punto exacto, si se hace con suficientes puntos como para que la aproximación sea lo bastante aceptable.

La figura 8 representa las gráficas obtenidas según los datos de la tabla 5.

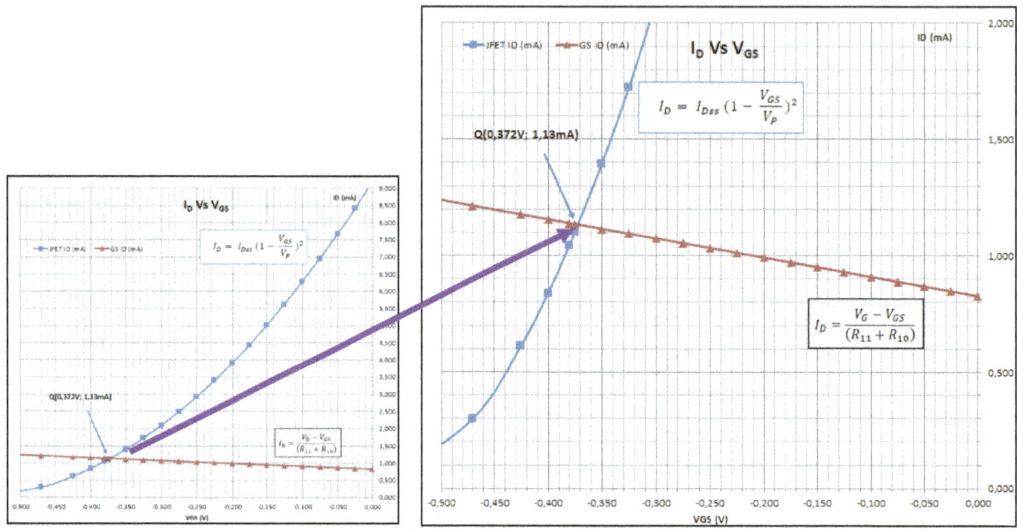

Figura 8. Curvas de I_D Vs V_{GS} según datos de la tabla 5. Derecha grafica amplificada.

En la gráfica de la derecha (ampliada) puede observarse que la convergencia de ambas curvas ocurre aproximadamente en el punto:

$$Q_{58}(V_{GS}, I_D) \sim (0.372V, 1.13\ mA)$$

Los valores obtenidos por el método gráfico concuerdan con los establecidos por el método de la ecuación de segundo grado.

Por tanto, se dan por validados los valores teóricos estimados.

En la etapa 2 tenemos la señal ya amplificada al máximo, y justo antes de entregarla a la tercera etapa, que tiene una ganancia de alrededor de 0.76.

Interesa ahora ver las rectas de cargas DC y AC para observar la máxima excursión posible de esta etapa.

De acuerdo a la figura 7, la recta de carga DC en esta etapa es:

Malla drenador-surtidor de Q_5 (DC):

$$-V_{CC} + I_D R_{12} + V_{DS} + I_D(R_{11} + R_{10}) = 0$$

Despejando el término I_D tenemos:

$$I_D = \frac{V_{CC} - V_{DS}}{(R_{10} + R_{11} + R_{12})}$$

Y, la recta de carga AC será:

$$i_D R_{12} + v_{DS} + i_D(R_{11}) = 0$$

Despejando el término i_d tenemos:

$$i_d = \frac{v_{SD}}{(R_{11} + R_{12})}$$

Nótese que el término R_{10} no se incluye, ya que se asume que la impedancia del paralelo con C_6 es cero.

Es decir: $$Z = R_{10}//X_{C6} \rightarrow 0;\ f > 20Hz$$

Por otro lado. se asume también:

$$Z = R_{12}//X_{C5} \rightarrow R_{12};\ f < 20kHz$$

La tabla 6 muestra los valores de I_D obtenidos para todos los posibles valores de V_{DS} que se han evaluado entre 0 y $V_{CC,}$ para ambas ecuaciones.

Nuevamente, y al igual que en el caso anterior, la tabla 6 muestra la convergencia de ambas curvas cerca de la zona resaltada, donde la diferencia señalada es la menor.

En la figura 9 la intersección de las rectas de carga DC y AC indican que el punto V_{DS} tiene un margen de excursión máximo simétrico en AC de aproximadamente $\sim\pm5.5V$. El máximo simétrico sería de $\pm6V$. Lo que según este diseño se considera un margen de excursión muy aceptable.

VDS (V)	ID DC (mA)	*id AC (mA)*	Dif.
0,000	2,030	0,000	2,03
0,600	1,929	0,118	1,81
1,200	1,827	0,236	1,59
1,800	1,726	0,354	1,37
2,400	1,624	0,472	1,15
3,000	1,523	0,589	0,93
3,600	1,421	0,707	0,71
4,200	1,320	0,825	0,49
4,800	1,218	0,943	0,28
5,400	1,117	1,061	0,06
6,000	1,015	1,179	0,16
6,600	0,914	1,297	0,38
7,200	0,812	1,415	0,60
7,800	0,711	1,532	0,82
8,400	0,609	1,650	1,04
9,000	0,508	1,768	1,26
9,600	0,406	1,886	1,48
10,200	0,305	2,004	1,70
10,800	0,203	2,122	1,92
11,400	0,102	2,240	2,14
12,000	0,000	2,358	2,36

Tabla 6. Valores de I$_D$ Vs V$_{DS}$ para las rectas de carga DC y AC en la etapa 2.

La figura 9 muestra ahora la información gráfica de ambas curvas según los datos de la tabla 9.

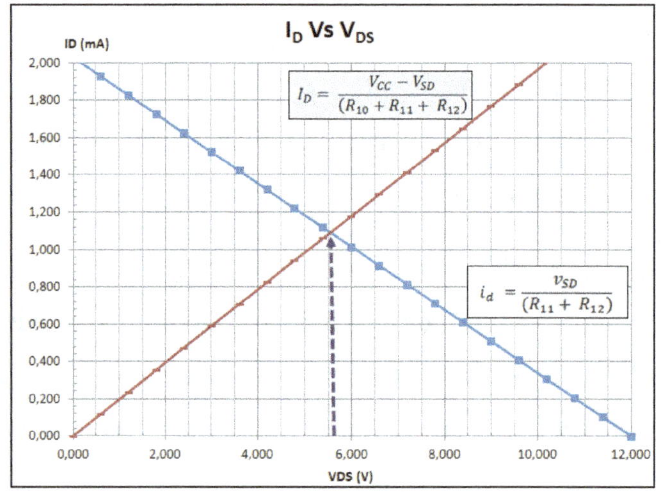

$$I_D = \frac{V_{CC} - V_{SD}}{(R_{10} + R_{11} + R_{12})}$$

$$i_d = \frac{v_{SD}}{(R_{11} + R_{12})}$$

Figura 9. Rectas de carga DC y AC etapa 2.

En la práctica, pueden obtenerse valores ligeramente distintos a los estimados aquí, debido a las tolerancias intrínsecas de los mismos componentes utilizados.

Finalizado ya los cálculos relacionados con esta segunda etapa, pasamos ahora a la tercera y última etapa.

Analizando ahora la tercera etapa tenemos:

Esta acoplada en AC a la etapa anterior.

Dos transistores tipo MOSFET: Q_6, modelo IRF540 canal N, y Q_7, el complementario IRF9640 canal P.

Los valores (100Ω) de R_{12} y R_{13}, son valores típicos.

Como ya se explicó en el volumen I, es necesario colocar esta resistencia (R_{12} y R_{13}) en serie con la compuerta del MOSFET para evitar la auto-oscilación de alta frecuencia que se origina por el filtro inductivo-capacitivo asociado a la juntura de entrada (*gate-source*) del MOSFET. Esta resistencia actúa reduciendo el factor Q del filtro RLC, para evitar la resonancia.

Las figuras 10a y 10b muestran respectivamente los extractos de la hoja de datos de los dispositivos MOSFET IRF540 e IRF9540.

Nuevamente, al consultar la hoja de datos de estos dispositivos MOSFET (IRF540, IRF9540) podemos extrapolar los siguientes parámetros:

$V_{GS(TO)} = V_T$ = voltaje de umbral de la compuerta (*gate threshold voltage*).

A partir de la figura 10a se pudiera estimar a priori, de forma aproximada el voltaje de umbral como:

$$V_T \sim 3V$$

Igual que en el caso del JFET, se utiliza la hoja de datos del fabricante para estimar los parámetros: VT y del factor k de los MOSFET IRF540 e

IRF9540.

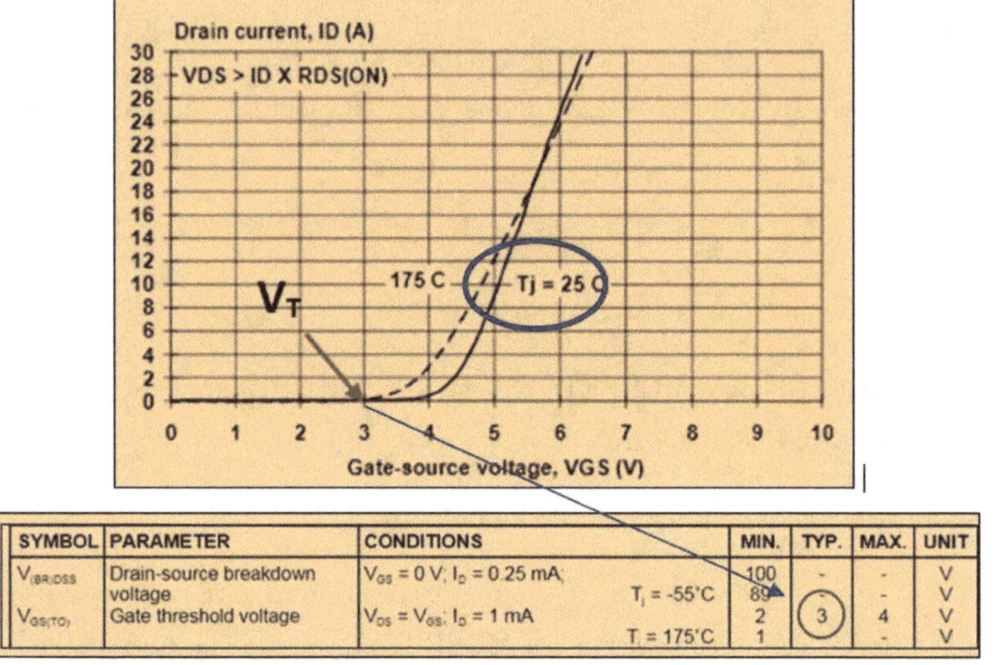

SYMBOL	PARAMETER	CONDITIONS		MIN.	TYP.	MAX.	UNIT
V$_{(BR)DSS}$	Drain-source breakdown voltage	V$_{GS}$ = 0 V; I$_D$ = 0.25 mA;		100	-	-	V
			T$_j$ = -55'C	89	-	-	V
V$_{GS(TO)}$	Gate threshold voltage	V$_{DS}$ = V$_{GS}$; I$_D$ = 1 mA		2	3	4	V
			T$_j$ = 175'C	1		-	V

Figura 10a. IRF540. Corriente de drenador Vs. V$_{GS}$. Fuente: Internet

La figura 10b presenta las curvas de corriente de drenador I$_D$ vs el voltaje V$_{GS}$ para el transistor IRF540.

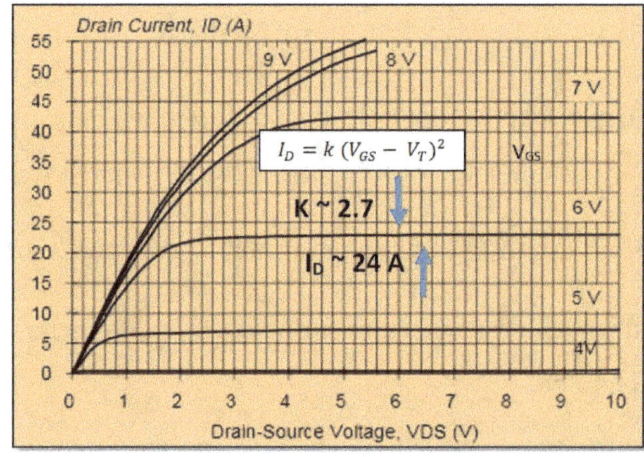

Figura 10b. IRF540. Corriente de drenador I$_D$ Vs. V$_{GS}$. T=25°C. Fuente: Internet

De la figura 10b obtenemos: **k ~ 2.7 A/V²** (estimado para IRF540, IRF9540).

Recordemos también que estos son MOSFET de tipo enriquecimiento o *enhancement* en inglés, por lo que la expresión teórica de la corriente de drenador I_D es:

$$I_D = k\,(V_{GS} - V_T)^2$$

Se puede comprobar que para: $V_{GS} = 6V$, con $V_T = 3V$ y $k = 2.7$ la corriente I_{DS} ~24.3 A, la cual es hasta ahora coherente con los datos representados en la curva de la figura 10b.

No obstante, en la práctica, se ha visto que la tensión V_T de estos transistores suele ser de alrededor de 2.1V, muy cerca del mínimo, y no 3V que el típico (figura 10a). Por lo que se procede a ajustar las ecuaciones anteriores conforme la nueva tensión V_T

$$\boxed{V_T \sim 2.1\,V\;;\,k \sim 1.58 A/V^2}$$

A partir de aquí, se utilizará los valores de V_T y k arriba mencionados.

Continuando con el análisis del circuito de la tercera etapa (3D y 3I), figura 11, hay un divisor de tensión entre: R_{13}, P_1, y R_{14} (3D), que se repite en R_{23}, P_2, y R_{24} (3I).

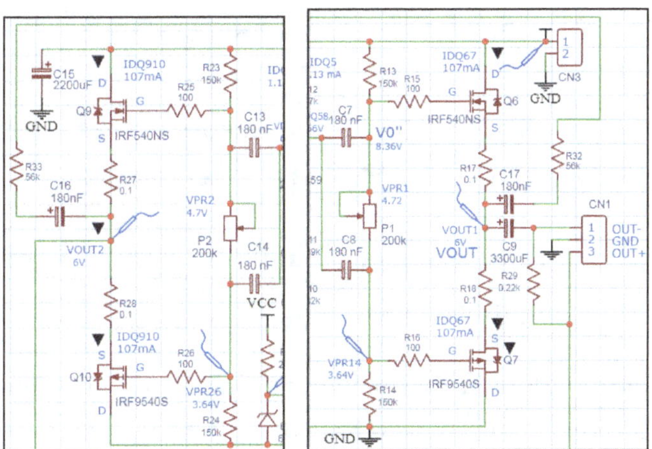

Figura 11. Extracto de las etapas 3I y 3D.

Como ya se dijo antes, los que se calcule para 3D vale exactamente igual para el 3I.

Los MOSFET Q_6, Q_7, Q_9, y Q_{10} deben estar operando en su respectiva zona activa o de conducción, para evitar la distorsión por cruce, ya mencionada aquí como principal fuente de distorsión es este tipo de amplificador.

Lo anterior implica que los voltajes a través de P_1 y P_2 respectivamente, deben estar justo un poco mayor que la tensión V_T, justo lo suficiente como para colocar los transistores en la región activa (conducción), fuera de la zona de corte. Adicionalmente, ambos valores deben ser aproximadamente iguales.

Recuerde que la corriente va como función del cuadrado de la diferencia entre el voltaje aplicado en la compuerta o V_{GS} y el V_T. Por lo que un ligero incremento del valor de V_{GS} puede provocar grandes cambios en la corriente I_{DS}.

Si consideramos: $\mathbf{P_{R1} = 200\ k\Omega}$, $\mathbf{R_{13} = R_{14} = 150\ k\Omega}$, la tensión que cae en P_{R1} será:

$$V_{PR1} = V_{CC} \frac{P_{R1}}{(P_{R1}+R_{13}+R_{14})}$$

$$\boxed{V_{PR1} = 12V\ \frac{200\ k\Omega}{(200\ k\Omega + 150\ k\Omega + 150\ k\Omega)} = 4.8\ V\ (máx)}$$

En la práctica, la tensión en P_{12} puede ajustarse para lograr el nivel de tensión/corriente requerido en los MOSFET Q_6-Q_7 y Q_9-Q_{10} respectivamente.

Los voltajes de P1 y P2 deben ser muy similares para garantizar la simetría en ambas ramas del amplificador.

Por tanto, se llama VP12 a la tensión de ambos potenciómetros y P12 al valor de resistencia de ambos potenciómetros.

P12 debería ajustarse entre 0V y ~4.8V máx.

La tensión de trabajo VP12 estará en algún punto entre 4.2V-4.8V.

La prueba de que Q_6-Q_7 y Q_9-Q_{10} están en conducción, es que la corriente I_D

en ambas ramas (3D y 3I) sea diferente de cero:

$$I_{DQ67} \sim I_{DQ910} \neq 0A$$

Asumiendo que hay simetría, entonces:

$$V_{GSQ6} = V_{GSQ7} = V_{GSQ9} = V_{GSQ10}$$

Y sí: $\quad I_{DQ67} (R_{17}+ R_{18}) \sim I_{DQ910} (R_{27}+ R_{28}) \ll V_{GSQ67910}$

$$V_{GSQ6} = -V_{GSQ7} \sim \frac{VP_1}{2}$$

$$V_{GSQ9} = -V_{GSQ10} \sim \frac{VP_2}{2}$$

Lo anterior significa que la tensión VP12 se reparte equitativamente entre los dos MOSFET. Es decir, que ambas tensiones V_{GS} serían aproximadamente iguales.

Si se asume un punto de operación de V_{GS} de 2.36V, la tensión VP12 sería entonces de 4.72V.

El valor de resistencia de P12 que genera una tensión de 4.72V será:

$$P12 = \frac{2R_{13}VP12}{(V_{CC} - VP12)} = \frac{300k\Omega . 4.72V}{(12V - 4.72V)} = 194.5 \sim 195k\Omega$$

En este caso, esto significa que P_1 y P_2 estarían ajustados muy cerca a la posición de su máximo valor, es decir, con P_1 y P_2 ajustados cerca de:

$$\boxed{P_1 = P_2 \sim 195 \text{ k}\Omega.}$$

Comprobando la tensión en P_1-P_2 será:

$$\boxed{V_{P12} = 12V \; \frac{195 \; k\Omega}{(195 \; k\Omega + 300 \; k\Omega)} = 4.72 \; V}$$

Luego:

$$V_{GSQ6} = V_{GSQ7} = V_{GSQ9} = V_{GSQ10} \sim VP_{12}/2 = 4.7/2 = 2.36V$$

Luego, la corriente $I_{DQ67910}$ que se corresponde con esta tensión V_{GS} será:

$$I_{DQ67910} = k \, (V_{GS} - V_T)^2$$

$$\boxed{I_{DQ67} = 1.58 \, \frac{A}{V^2} \, (\, 2.36 \, V - 2.1 \, V \,)^2 \sim 107 \, mA}$$

Una corriente de 107 mA parece ser suficiente para colocar los MOSFET en su región de conducción. No obstante, se verificará en la práctica si es posible lograr un valor menor, sin que por ello se sacrifiquen los parámetros de ganancia, impedancia de salida y distorsión de cruce, como se verá más adelante.

Las tensiones VR_{14} y VR_{13} serán:

$$\boxed{V_{R14} = V_{R13} = \left(\frac{V_{CC} - V_{P1}}{2} \right) = \frac{12V - 4.72V}{2} = 3.64V}$$

Como se mencionó anteriormente, en la práctica, la corriente de polarización de los MOSFET puede ajustarse por medio de los potenciómetros P_1 y P_2 respectivamente. Por tanto, las tensiones de referencia V_{P1}, V_{P2}, V_{R14} y V_{R13}, V_{R23}, V_{R24} pueden variar ligeramente.

Si en la práctica se lograra obtener una corriente de reposo menor, manteniendo la ganancia estimada, sin provocar distorsión, y sin afectar el resto de los parámetros, se estará optimizando la eficiencia del amplificador.

La potencia máxima en reposo que disipan Q_6-Q_7 y Q_9-Q_{10} respectivamente es:

$$\boxed{P_{Q67910} \sim (V_{CC}/2) \text{ x } I_{DQ67910max} = 6V \text{ x } 107 \text{ mA} = 0.642 \text{ W}}$$

La corriente que circula por los drenadores de Q_6-Q_7 y Q_9-Q_{10} es de mucha importancia, ya que fija el nivel de consumo de potencia del amplificador, aun cuando no haya señal que amplificar. Es decir, por el solo hecho de estar simplemente encendido.

Esta corriente que se consume en modo inactivo suele llamarse *Quiescent current,* en inglés, y es la responsable del mayor consumo de potencia en el amplificador mientras este no está amplificando. Es por ello que tiene un impacto significativo sobre la eficiencia del amplificador.

No obstante, el nivel de la corriente en modo inactivo (sin amplificar), y por ende, de la potencia en reposo, dependen de la carga a ser manejada por el amplificador, que en este caso, es de 4 ohmios.

Transferir voltaje a una carga de 4 ohmios de manera efectiva, significa que nuestro amplificador debe tener una impedancia de salida mucho menor que la carga. En este caso, digamos: $Z_{out} \ll 4\ \Omega$.

Como es de suponerse, los responsables de la impedancia de salida del amplificador son los MOSFET.

La impedancia de salida en la etapa de los MOSFET está relacionada con su transconductancia dinámica, la cual depende a su vez de la transconductancia estática, es decir, del punto Q de polarización DC.

La impedancia de salida se define como:

$$Z_{out} = \frac{I_{DQ67}}{V_{GSQ67}} = \frac{1}{g_{mQ67}} \qquad \Big|V_{GSQ67=constante}$$

La transconductancia puede expresarse de la siguiente forma:

$$g_m = \frac{dI_D}{dV_{GS}} = 2k\,(V_{GS} - V_T)$$

Por tanto; $\qquad g_{mQ67} = g_{mQ910} = g_{mQ67910} = 2k\,(V_{GSQ67} - V_T)$

Evaluando los términos:

$$\boxed{g_{mQ67910} = 0.821\,\frac{A}{V} \qquad |\ V_{GSQ67910} = 2.36\,V;\ k \sim 1.58\,\frac{A}{V^2};\ V_T = 2.1\,V}$$

$$Z_{out} = \frac{1}{g_{mQ67}} = 1.21\,\Omega \qquad |V_{GSQ67910} = 2.36\,V$$

Ahora, observando el valor de Z_{out}, se puede decir que la impedancia de salida (Z_{OUT}) es menor que la impedancia de la carga (4Ω). Esto, en condiciones óptimas, es lo requerido.

De este modo, el amplificador puede transferir el voltaje a la carga (4Ω) sin que el amplificador retenga o absorba internamente una parte significativa del mismo, mejorando así la transferencia de voltaje y su eficiencia.

He aquí la importancia de la corriente de polarización o *Bias* de los MOSFET. Un valor de la corriente de polarización menor haría que la impedancia de salida de nuestro amplificador aumente, mientras que un valor mayor haría que disminuyera.

Con los potenciómetros P_1 y P2 se puede ajustar la caída de tensión V_{GS} en Q_6-Q_7 y Q_9-Q_{10} respectivamente, y, por ende, la corriente de polarización (*Bias*) de los MOSFET, que se corresponde también con la corriente de reposo del amplificador.

Sin embargo, incrementar demasiado la corriente en modo inactivo puede ser contraproducente, ya que incrementaría demasiado la potencia, y por ende, el calentamiento excesivo y deterioro temprano de los transistores MOSFET.

De igual manera, una corriente deficiente o muy baja producirá mala amplificación, por estar muy cerca de la zona de corte, provocando distorsión de cruce, y aumento de la impedancia de salida.

La corriente de polarización DC de los MOSFET tiene que ser entonces la adecuada para mantener una relación señal/ruido, transferencia de potencia y eficiencia adecuadas.

Estas condiciones se verificarán en la práctica, sobre la placa PCB al momento de realizar las pruebas.

En la práctica, se puede determinar la corriente óptima de polarización DC de los transistores MOSFET estudiando la señal de salida, y potencia que se entrega en la carga.

Esto es, obteniendo el máximo voltaje de excursión de salida posible, sin distorsión aparente para una corriente de polarización dada, ejemplo I_D = 107 mA. Luego se varía la corriente de polarización, por encima y por debajo, y aquella que resulte en la mayor potencia en la carga, es decir mayor voltaje sobre la carga, sin deformar o calentar excesivamente los transistores, será la que resulte mejor.

A veces, pueda que haya que sacrificar un poco la potencia bajando la corriente de polarización, para mantener los MOSFET menos calientes cuando no hay señal que amplificar.

Finalmente, el voltaje V_{OUT} (antes del capacitor C_9) será:

$$V_{out} = V_{SGQ7} + V_{R14} \quad | V_{R17}, V_{R18} \rightarrow 0V$$

$$V_{R14} = V_{CC} \frac{R_{14}}{R_{13} + P_1 + R_8}$$

$$V_{R14} = 12\,V \frac{150\,k\Omega}{150\,k\Omega + 195\,k\Omega + 150\,k\Omega} \sim 3.64\,V$$

Como ya se mencionó, en la práctica, estos valores pueden variar ligeramente, de acuerdo con los valores de polarización finalmente adoptados en los MOSFET.

Luego, sustituyendo en tenemos:

$$\boxed{V_{out} = 2.36\,V + 3.64\,V \sim 6\,V}$$

Se han incorporado al diseño 2 resistores (R_{16} y R_{17}) en serie con los drenadores de cada MOSFET.

La función de los resistores R_{16} y R_{17} (0.1Ω) es la de ayudar a estabilizar la corriente de los MOSFET frente los cambios de la temperatura.

Por ejemplo, si la temperatura sube, el parámetro V_T baja (véase la figura 10a), lo que haría que la corriente de polarización aumente, lo que a su vez provocaría también un aumento proporcional en las caídas de tensión en R_{16} y R_{17} respectivamente, lo que consecuentemente restaría voltaje en los terminales V_{GS} de Q_6 y Q_7 respectivamente, que a su vez por este efecto de resta actuarían ahora bajando la corriente de polarización que inicialmente fue inducida a subir por el efecto de la temperatura.

Es decir, actuando entonces como un mecanismo regulador o compensador frente a cambios en la corriente de polarización provocados por la temperatura.

Las resistencias R_{16} Y R_{17} ayudan a prevenir que ocurra un efecto de avalancha o de espiral de calentamiento en los MOSFET, que eventualmente conduciría a la destrucción de los mismos, por recalentamiento excesivo.

Por otro lado, R_{16} y R_{17} deben ser de valor $<< 4\Omega$, para evitar caída interna en el propio amplificador, como en el caso de su impedancia de salida. Es por ello que se escogió un valor de 0.1Ω. La corriente de consumo de los MOSFET también puede monitorizarse a través de la caída de tensión en R_{16}, R_{17}, R_{27}, R_{28}.

Potencia máxima disipada por el amplificador en reposo

La potencia total en reposo disipada por el amplificador será:

$$P_{REPOSO} = V_{CC}I_{CC} = V_{CC}(2I_{DQ67910} + I_{D1Zener} + 2I_{Q34} + 2I_{Q58})$$

$$P_{REPOSO} = 12V(214\,mA + 18.78\,mA + 1mA + 2.28mA)$$

$$\boxed{P_{REPOSO} \cong 2.83\,W \quad | V_{CC} = 12\,V\;(máx.\,En\,reposo)}$$

Hay que resaltar que los valores de potencia dados anteriormente son máximos, sin perjuicio de que los mismos puedan ser optimizados en la práctica.

Potencia media en la carga RL

La potencia media generada en la carga R_L de 4 Ω será:

$$P_{RL} = \frac{V_M{}^2}{2R_L} \ (configuración\ simple, una\ sola\ salida)$$

$$P_{RL} = \frac{4V_M{}^2}{2R_L} \ (configuración\ Brigde, ambas\ salidas)$$

Donde V_M = voltaje de cresta o voltaje pico de excursión estimado.

En la configuración Bridge el voltaje de salida se multiplica por dos (2).

Las salidas están configuradas para tener la misma amplitud (V_M) pero desfasadas 180°. Por tal razón, la diferencia de voltaje a través de la carga R_L es dos veces el voltaje V_M.

$$V_{OUT} = 2V_M \ (modo\ Bridge)$$

En este caso, el voltaje máximo de excursión está limitado por la tensión V_{R14}, de la tercera etapa, que es la más baja.

Como ya se calculó anteriormente la tensión mínima en V_{R14} es:

$$V_{R14} \sim 3.64\ V\ (mín)$$

En la práctica, si la tensión en P_{R1} se ajusta por debajo del máximo (4.72V) esto haría que la tensión en V_{R14} suba, y por ende la excursión de salida.

Suponiendo un que exista un mínimo de excursión posible de 3.0V en V_{R14}, la potencia en R_L será:

$$\boxed{P_{RL} = \frac{4V_M^2}{2R_L} \sim \frac{36}{8} = 4.5\ W\ (mínima, modo\ brige) \quad |V_{CC} = 12V\ R_L = 4\Omega}$$

Y con nivel de excursión V_m= 3.7V:

$$P_{RL} = \frac{4V_M^2}{2R_L} \sim \frac{54.76}{8} = 6.84\ W\ (modo\ bridge) \quad |V_{CC} = 12V\ R_L = 4\Omega$$

Es decir, que se espera obtener un mínimo de potencia de cerca de 4.5W | 4Ω

Como la carga esta acoplada en AC, a través de C_9, está potencia se disiparía sólo en régimen AC.

En base a lo anterior, la eficiencia mínima será entonces:

$$\eta = \frac{P_{RL}}{P_{REPOSO} + P_{RL}} = \frac{4.5W}{2.83W + 4.5W} = \sim 63\% \quad |V_{CC} = 12V$$

El valor de ɳ (~63%) está bastante bien para un tipo de amplificador de clase AB, como el aquí planteado.

Sin embargo, queda ver si en la práctica puede optimizarse este valor, al tratar de encontrar una corriente de reposo en los MOSFET menor a la máxima esperada (107mA), y que cumpla con los requisitos de impedancia de salida, ganancia, y distorsión.

También puede ocurrir que haya que subir la corriente, en vez de bajarla, en cuyo caso afectaría negativamente el parámetro de eficiencia.

Por tal razón, dejamos este parámetro como aún pendiente de evaluar hasta cumplimentar la parte experimental.

Hasta aquí se ha estudiado los parámetros DC más importantes para tratar de predecir el comportamiento estático y dinámico del amplificador.

No obstante, hay que tomar en cuenta que estos dispositivos FET y MOSFET pueden presentar ligeras variaciones de sus parámetros según el fabricante. Es por ello, que se deja la parte experimental para comprobar y/o ajustar si es posible a los valores teóricos aquí calculados.

Ahora se continúa con el estudio dinámico (AC) para pequeñas señales de audio.

Análisis AC (Z_{in}, Z_{out}, A_V)

El primer parámetro a examinar será la impedancia de entrada $\boldsymbol{Z_{in}}$ del amplificador.

Nótese que se refiere a la impedancia en régimen AC y no DC.

La impedancia de entrada Z_{in} se encuentra reflejada en la etapa 1 y es:

$$Z_{in} = R_5//R_7 = R_6//R_8$$

$$\boxed{Z_{in} \sim 39\ k\Omega}$$

Z_{in} puede ser cualquier valor que se fije de forma arbitraria, ya que la impedancia de entrada del propio FET es normalmente muy grande (10^{12} Ω), por lo que la impedancia resultante será siempre el correspondiente a la red externa presente, es decir, al paralelo asociado R_5 o R_6 respectivamente.

El segundo parámetro a considerar aquí es la impedancia de salida $\boldsymbol{Z_{out}}$ del amplificador. La cual puede definirse así:

$$Z_{out-} = \frac{v_{out}}{i_{out}} = \frac{v_{gsQ67}}{i_{dsQ67}} = \frac{1}{g_{mQ67}} = 1.21\Omega \quad \text{(Salida negativa: OUT-)}$$

$$Z_{out+} = \frac{v_{out}}{i_{out}} = \frac{v_{gsQ910}}{i_{dsQ910}} = \frac{1}{g_{mQ910}} = 1.21\Omega \quad \text{(Salida positiva: OUT+)}$$

$$g_{m67} = g_{m910} = 0.821\ \frac{A}{V}$$

Nótese que las impedancias de salida arriba definidas se corresponden con el modo de uso simple. Es decir, como si se colocara la carga R_L entre una salida y el terminal correspondiente a masa o tierra (Ground).

En el modo bridge, es decir, si se coloca la carga R_L entre las salidas OUT- y OUT+, la impedancia de salida equivalente sería el doble:

$$Z_{outBridge} = \frac{2}{g_{mQ67}} \sim 2.42\,\Omega \quad |V_{GSQ67} = 2.36\,V$$

Como la carga R_L está en serie con las salidas OUT- y OUT+, las impedancias se suman.

Lo anterior puede afectar negativamente al parámetro de potencia de salida ya que la impedancia de salida equivalente aumenta. Es por ello, que se ha recurrido a una red externa de <u>retroalimentación negativa</u> de las salidas OUT- y OUT+ respectivamente, para así reducir la impedancia efectiva de salida.

La red de retroalimentación está compuesta por los capacitores C_{16}, C_{17} y los resistores R_{32} y R_{33}.

El efecto de esta retroalimentación negativa sobre los parámetros de la impedancia efectiva de salida y sobre la ganancia total del amplificador será analizado más adelante.

Por ahora, se continúa con el resto de los cálculos a lazo abierto, es decir, sin tomar en cuenta la retroalimentación negativa.

Los parámetros g_m y Z_{out} ya se habían obtenidos anteriormente durante el análisis DC, ya que se utilizaron como datos para programar la corriente DC (en reposo) de polarización de los MOSFET.

El tercer parámetro a considerar es la ganancia total a lazo abierto $\boldsymbol{A_{vol}}$ del amplificador.

La ganancia total A_{volT} puede expresarse como el producto de la ganancia de las tres etapas, así:

$$A_{volT} = |A_{v1}| x \; |A_{v2}| x |A_{v3}|$$

La ganancia A_{volT} también puede escribirse así:

$$A_{volT} = \frac{v0'}{v_{IN+}} x - \frac{v0''}{v0'} x \; \frac{v_{out}}{v0''}$$

Recuerde que las etapas 2 y 3 tienen espejo. Por lo tanto, la ganancia de la rama derecha es idéntica a la izquierda, con ello se simplifica los cálculos.

Nótese bien que la ganancia en la segunda etapa es siempre negativa respecto de V0' en ambas ramas. Y que está acoplada en AC.

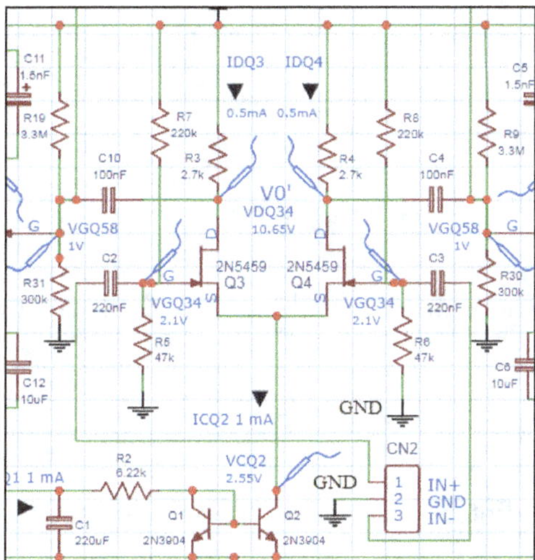

Figura 12. Extracto de la etapa 1.

En la primera etapa, la ganancia diferencial es (véase la figura 12):

$$A_{v1} = \frac{v0'}{v_{IN+}} \; |v_{in-} = 0$$

$$A_{v1} = - \frac{v0'}{v_{IN-}} \; |v_{in+} = 0$$

Se pueden utilizar ambas expresiones. En este caso, se considera la primera expresión.

Que es: $\qquad A_{v1} = \frac{i_{dQ34}(R_4//(R_9//R_{30}))}{2V_{gsQ34}}$ (Tomando en cuenta las impedancias adyacentes R_9 y R_{30} en la segunda etapa)

I_{DQ34} representa aquí la corriente de los transistores Q_3 y Q_4, ambas iguales.

Se asume también que la impedancia $X_{C4} \rightarrow 0$; a la frecuencia de trabajo (20-20.000 Hz).

Luego, el término:

$$(R_4//(R_9//R_{30}) = 2.7k\Omega//(3.3M\Omega//300k\Omega) = 2.67k\Omega = 0.99R_4 \sim R_4$$

Simplificando:

$$v0' \cong i_{dQ34}R_4$$

Luego:
$$A_{v1} = \frac{i_{dQ34}R_4}{2\,v_{GSQ34}}$$

Como:
$$\frac{i_{dQ34}}{v_{GSQ34}} = g_{mQ34}$$

Simplificando, la ganancia diferencial puede escribirse entonces como:

$$A_{v1} = \frac{g_{mQ34}R_4}{2}$$

El valor de g_m aquí es distinto al de los transistores MOSFET de salida: Q_6, Q_7, Q_9, Q_{10}.

Sin embargo, el valor del g_{m34} es el mismo tanto para el FET Q_3 como para FET Q_4 y es obtenido a partir de la ecuación del FET:

$$g_{mQ34} = \frac{2I_{Dss}}{|V_p|}\left(1 - \frac{V_{GSQ34}}{V_p}\right)$$

Como: V_{GS34} = -0.44 V; I_{DSS} = 9.2 mA; V_P = -0.573V (datos extraídos del análisis DC)

$$\boxed{g_{mQ34} \sim 7.45\ mmhos\ |\ V_{GSQ34} = -0.44\ V}$$

Sustituyendo los valores anteriores en la ecuación de la ganancia A_{v1} será entonces:

$$A_{v1} = \frac{g_{mQ34}R_4}{2} = \frac{7.45\ mmhos * 2.7k}{2} = 10.06 \sim 10$$

$$\boxed{A_{v1} \sim 10}$$

En la práctica, este valor de ganancia puede variar en función del punto de polarización V_{GS} efectivo, además de los parámetros intrínsecos I_{DSS} y V_P, ya comentados y analizados anteriormente.

La ganancia A_{v1} es positiva respecto de v_{IN+} y negativa respecto de v_{IN-}.

Recuérdese que como la etapa de entrada es un diferencial, hay que calcular también la ganancia en modo común A_{vc} y el respectivo factor de calidad CMRR.

La ganancia en modo común A_{vc} es;

$$|A_{vc}| = \frac{v_{o\prime}}{v_{in-}} = \frac{i_{dQ34}R_4}{V_{gsQ34} + i_{d34}2h_{oeQ2}^{-1}} = \frac{g_{mQ34} * R_4}{1 + g_{mQ34}2h_{oeQ2}^{-1}}\ |v_{in-} = v_{in+}$$

Dónde:

h_{oEQ2} = admitancia de la fuente de corriente espejo (2N3904).

En el <u>modo común</u>: $V_{in-} = V_{in+}$. Por lo que <u>cada entrada ve el doble de la impedancia reflejada por la fuente de corriente espejo, y que es el inverso de la admitancia de Q$_2$.</u>

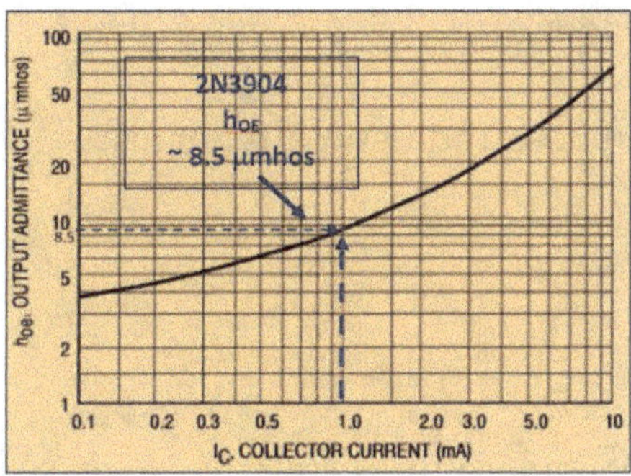

Figura 13. 2N3904. Admitancia de salida h_{OE}. T=25°C. Fuente: Internet

Según la figura 13, el valor medio aproximado de la admitancia h_{oe2} obtenido según la hoja de datos para el 2N3904, y para una corriente I_{Q2} de 1 mA es de: ~8.5 µmhos.

$$h_{oeQ2}^{-1} = \frac{1}{8.5\ \mu mhos} = 117.647\ k\Omega \mid I_{q2} = 1mA$$

Luego sustituyendo:

$$A_{vc} = \frac{g_{mQ34} * R_4}{1 + g_{mQ34}2h_{oeQ2}^{-1}} = 0.01146 \quad |v_{in-} = v_{in+}$$

Por definición el CMRR es:

$$CMRR\ (dB) = 20\log\left(\frac{A_{vd}}{A_{vc}}\right) = 20\log\left(\frac{10}{0.01146}\right)$$

$$CMRR\ (dB) = \ 58.89 \sim 59\ dB \text{ (en un canal)}$$

Un valor de CMRR de 59 dB reflejado a la salida es más que aceptable para un amplificador que solo tiene una etapa diferencial.

Lo anterior indica una excelente relación señal/ruido de ~ 1/0.001 V

Adicionalmente, y como puede intuirse, la adición de una segunda etapa pudiera elevar el CMRR a más de 80 dB. Sin embargo, se mantiene el diseño con solo una etapa diferencial.

Efectivamente, cuanto mayor es el valor del CMRR mejor será la relación señal/ruido del amplificador.

Continuando ahora con la segunda etapa tenemos:

Consideraciones en AC:

$X_{C4} \rightarrow 0$; $f > 20$ Hz

El paralelo $X_{C6}//R_{10}$ se considera un corto-circuito en el rango de la frecuencia de trabajo.

Es decir, $X_{C6}//R_{10} \rightarrow 0\Omega$; $f \geq 20$ Hz

El paralelo $X_{C5}//R_{12} \rightarrow R_{12}$, en el rango: 20.000 Hz $\geq f \geq 20$ Hz

Para el rango: $f \gg 20.000$ Hz; $X_{C5}//R_{12} \to 0$; $A_{v2} = \to 0$

X_{C7} y $X_{C8} \to 0$; Para el rango $f > 20$ Hz

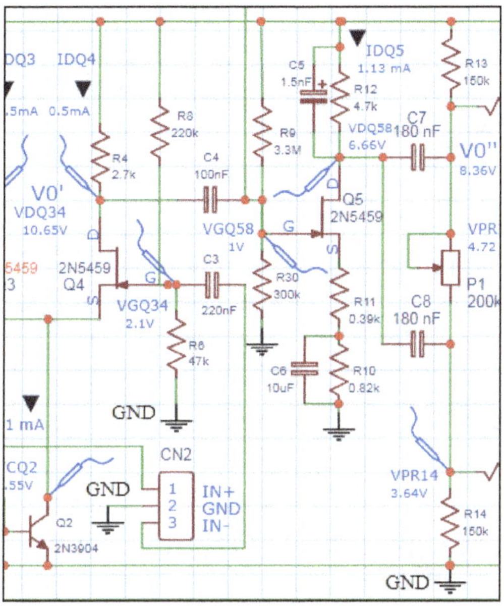

Figura 14. Extracto de la etapa 2.

La ganancia de la etapa 2 es:
$$A_{v2} = -\frac{v0''}{v0'}$$

Dónde:

$$v0' = V_{GSQ5} + i_{dQ5}R_{11}$$

$$v0'' = i_{dQ5}\left(R_{12}//\left(R_{13}//R_{14}\right)\right)$$

$$\left(R_{12}//\left(R_{13}//R_{14}\right)\right) = \left(4.7k\Omega//\left(150k\Omega//150k\Omega\right)\right) = 4.42k\Omega = 0.94R_{12}$$

Luego:

$$A_{v2} = -\frac{v0''}{v0'} = \frac{i_{dQ5}\,0.94R_{12}}{V_{GSQ5} + i_{dQ5}R_{11}} \cong \frac{g_{mQ5}0.94R_{12}}{1 + g_{mQ5}R_{11}}$$

Dónde:

$$g_{mQ5} = \frac{2I_{Dss}}{|V_p|}\left(1 - \frac{V_{GSQ5}}{V_p}\right)$$

I_{DSS}= 9.2 mA; V_P= -0.573V; V_{GSQ5}= -0.372V (datos extraídos del análisis DC)

$$g_{mQ5} = 11.26 \, mmhos \, |V_{GS} = -0.372V$$

Sustituyendo:

$$A_{v2} \sim - \frac{49.74}{5.39} \sim -9.23$$

$$\boxed{A_{v2} \sim -9.23}$$

Continuando ahora con la tercera etapa tenemos:

Consideraciones en AC:

De nuevo se asume que la impedancia X_{C9} en serie con R_L es despreciable a la frecuencia de trabajo.

$$C_9 = 3300\mu F; \, X_{C9} \ll R_L \, |f > 20 \, Hz$$

La frecuencia de corte de este filtro pasa-alto es:

$$f_c = \frac{1}{2\pi C_9 R_L} \sim 12 \, Hz$$

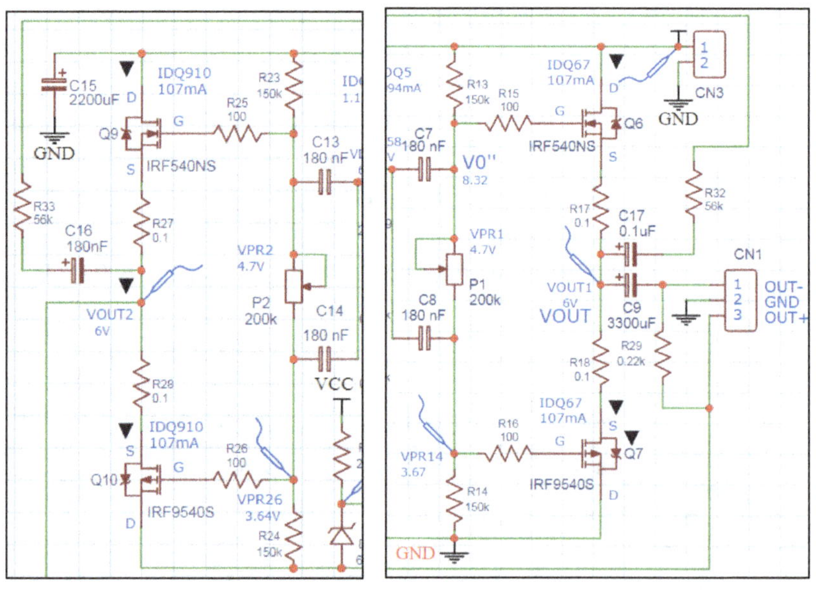

Figura 15. Extracto de la figura 1 que indica las etapas 3I y 3D.

$$A_{v3} = \frac{v_{out}}{v_{0''}}$$

Si se desea bajar aún más la impedancia relativa X_{C9}, será necesario aumentar la capacitancia C_9 a 4700 µF o superior, por ejemplo. Esto se traduciría en dejar pasar más bajas frecuencias (*f*<20Hz) al altavoz, al reducir la frecuencia de corte pasa altos conformado por el filtro RC, formado entre el capacitor C_9 y el altavoz de $R_L = 4\Omega$.

El valor de C_9 de 3300 µF ofrece una respuesta de bajos aceptable, ya que el valor de su impedancia cuando f = 20 Hz es:

$$X_{C4} = \frac{1}{2\pi f C_4} = 2.41\ \Omega\ |f = 20\ Hz$$

A partir de f>80 Hz, por ejemplo, la impedancia de X_{C9} se reduce considerablemente:

$$X_{C4} = \frac{1}{2\pi f C_4} = 0.60\ \Omega\ |f = 80\ Hz$$

Continuando con la expresión de la ganancia A_{V3}:

$$v_{0''} = v_{gsQ67} + i_{dQ67}(R_L + R_{17})$$

Recuérdese que la etapa de salida es una configuración *push-pull,* en el que cada transistor de salida solo trabaja en un semiciclo de la señal, positiva o negativa. De allí la expresión de salida $v_{0''}$

Como: $R_L = 4\Omega$ y $R_{17} = R_{16} = 0.1\ \Omega$.

Como: $R_L >> R_{17}$

Luego: $(R_L + R_{17}) \rightarrow R_L$

Por lo que $V0''$ puede aproximarse a:

$$v_{0''} = v_{gsQ67} + i_{dQ67}R_L$$

Y, $$v_{out} = i_{dQ67}R_L$$

Luego sustituyendo:

$$A_{v3} = \frac{v_{out}}{v0''} = \frac{i_{dQ67}R_L}{v_{gsQ67} + i_{dQ67}R_L} = \frac{g_{mQ67}R_L}{1 + g_{mQ67}R_L}$$

$R_L = 4\,\Omega\,;\ g_{mQ67} = 0.821\,\frac{A}{V}\ |\ V_{gsQ67} = 2.36\,V$ (datos ya obtenidos previamente)

$$\boxed{A_{v3} = 0.766}$$

Ahora la ganancia total A_{volT} será entonces:

$$\boxed{|A_{volT}| = |10|\ x\ |9.23|\ x\ |0.766| \sim 71}$$

La ganancia total a lazo abierto A_{VOLT} cumple con lo estipulado en los requerimientos del diseño.

La tabla 7 muestra un resumen de los valores hasta ahora calculados sobre el circuito planteado en el esquema de la figura 1.

En términos prácticos, esta ganancia total puede ser un poco mayor o menor dependiendo de las tolerancias de los componentes y sobre todo, de la polarización DC definitiva de las tres etapas del amplificador, en particular de la tercera etapa, debido a la corriente de polarización de los MOSFET, que define los parámetros de impedancia de salida, transconductancia dinámica y ganancia en esta última etapa.

Adicionalmente, hay que mencionar que el modelo de amplificador no está acoplado en DC, <u>de modo que solo permite la amplificación y manipulación de señales en AC</u>.

Los parámetros de la tabla 7 están basados en una alimentación general de 12V.

Los datos de la tabla 7 no incluyen la retroalimentación entre las etapas 2 y 3 que más adelante se planteará.

Los valores de la tabla 7 pueden variar ligeramente según las tolerancias de los componentes utilizados, de las especificaciones de sus fabricantes y de la fuente de alimentación DC utilizada.

Parámetro	Valor	Unidad
V_{CC}	+12	V
VZ (D1)	6.9	V
I_{CQ2}	1	mA
I_{DQ3}	0.5	mA
I_{DQ4}	0.5	mA
I_{EQ58}	1.1	mA
$I_{DQ67910}$	107	mA
V0' (DC)	10.65	V
V0'' (DC)	8.3	V
VOUT (DC)	~6	V
$|A_{V1}|$	10	-
$|A_{V2}|$	9.23	-
$|A_{V3}|$	0.766	-
$|A_{VOLT}|$	71	-
Z_{in}	39	kΩ
Z_{out} (lazo abierto)	1.21	Ω
R_L (min)	4	Ω
CMRR	~59	dB

Tabla 7 Resumen de parámetros DC y AC calculados en el modelo de la figura 1.

Ahora se plantea retroalimentar las etapas 2 y 3.

La idea de esta retroalimentación es mejorar entre otros parámetros el de la impedancia de salida específicamente.

Para empezar, la figura 16 presenta un esquema equivalente de OPAMP retroalimentado de las etapas 2 y 3 de nuestro modelo discreto de amplificador.

En este caso, y para lo que se desarrollará más adelante, e término A_{VOL} representa el producto de las ganancias de lazo abierto de la de las etapas 2 y 3 en conjunto.

$$|A_{VOL}| = A_{V2} x A_{V3} = 9.23 * 0.766 {\sim} 7.1$$

Luego, el amplificador general puede representarse como la multiplicación de la ganancia de la etapa 1 (A_{V1}), por la ganancia de la etapa retroalimentada (A_{VF} de las etapas 2 y 3). Véase la figura 16.

En la figura 16, R_2 es equivalente a los resistores R_{32} y R_{33} de la figura 1. R32 y R_{33} se muestran también en la figura 15.

$$R_2 = R_{32} = R_{33} = 56k$$

Ahora, considerando la retroalimentación la ganancia total del amplificador será:

$$A_{Total} = A_{V1} x A_{Vf}$$

Dónde: A_{Vf} es la ganancia en retroalimentación de las etapas 2 y 3.

La ganancia retroalimentada A_{Vf} será:

$$A_{vf} = \frac{A_{VOL}}{1 + \beta A_{VOL}}$$

Dónde: $A_{VOL} = 7.1$; $\beta = \frac{R_4}{R_{32}} = \frac{2.7k}{56k} = 0.0482$

Luego: $$A_{vf} = -\frac{A_{VOL}}{1 + \beta A_{VOL}} = -\frac{7.1}{(1 + 0.0482 * 7.1)} \sim -5.29 \quad |A_{VOL=7.1}$$

La ganancia total del amplificador con retroalimentación $A_{VTotalF}$ (etapas 1-3) será entonces:

$$|A_{VTotalF}| = A_{V1} x A_{Vf} = 10 * 5.29 \sim 53$$

El esquema de la figura 16 propone el modelo equivalente de OPAMP en configuración de amplificador inversor, con retroalimentación negativa, que se correspondería con las etapas 2 y 3 conjuntas.

Debido a que en nuestro caso el parámetro A_{VOL} no es tan grande, hay que tomar en cuenta la expresión completa y no la aproximada ($A_{VOL} \to \infty$). Esto para reducir los errores al momento de calcular la ganancia en el circuito de la figura 16.

En el esquema de la figura 16, R_1 Y R_2 son las resistencias de *feedback* equivalentes a R$_4$-R$_{32}$ y R$_3$-R$_{33}$ en el esquema de la figura 1.

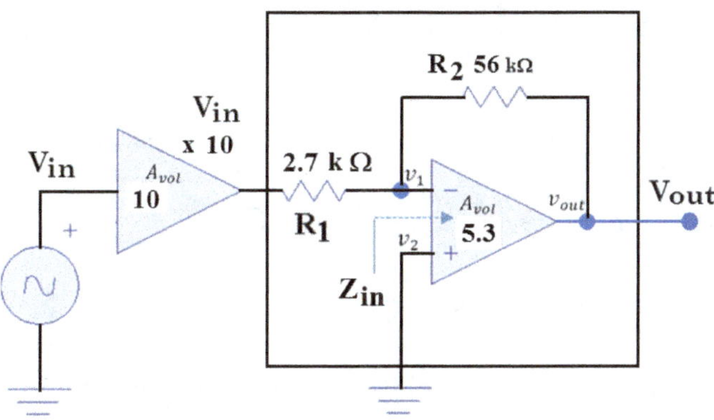

Figura 16. Representación general del amplificador como producto de dos etapas integradas: etapa 1 (lazo abierto) y la etapa 2 y 3 (retroalimentada).

Los valores de **R$_1$ y R$_2$** están ya incluidos en la **tabla1** de la lista de los componentes del proyecto según la nomenclatura de la figura 1.

Debe recordarse que el amplificar está diseñado para señales AC y NO DC. Por tanto, no aplica para señales DC.

Los capacitores C$_2$ y C$_3$ (en la entrada) suprimen cualquier componente DC que pudiera estar sumada a la señal de entrada.

Una clara ventaja del presente diseño, por ejemplo, es su salida de potencia, que puede manejar directamente cargas que impongan un nivel de corriente relativamente alto, en el orden de amperios (A), dependiendo del valor de la carga R$_L$, y de la amplitud de la señal de salida.

Los capacitores C$_2$ al C$_{14}$, C$_{16}$ y C$_{17}$ son empleados como filtros de acople en AC, pasa-altos o pasa bajos, según su caso. La frecuencia de corte para los pasa altos f_{CL} del amplificador se ha calculado en aproximadamente <20Hz y de ~20kHz para los pasa-bajos f_{CH}.

El filtro pasa bajos limita la respuesta en frecuencia (f_{CH} ~20kHz) del amplificador, y se fija fundamentalmente a través de C$_5$ y C$_{11}$, en la segunda etapa.

La frecuencia de corte alta o baja de cada filtro se calcula utilizando la siguiente expresión:

Por definición, la frecuencia de corte de un filtro RC es: $f_C = \dfrac{1}{2*\pi*R*C}$

Dónde: f_C es la frecuencia de corte del filtro RC

Despejando a C tenemos: $\quad$ C$= \dfrac{1}{2*\pi*R*f}$

Volviendo ahora sobre la impedancia de salida del amplificador Z_{out} =1.21Ω, es la impedancia de salida cuando no hay retroalimentación negativa.

Ahora, tomando en cuenta esta retroalimentación en las etapas 2 y 3, la impedancia de salida retroalimenta Z_{outf} quedaría:

$$Z_{outf} = \frac{Z_{OUT}}{1 + \beta A_{VOL}}$$

Dónde: $Z_{OUT} = 1.21\Omega$; $\beta = \dfrac{R_1}{R_2}$; $A_{VOL} = 7.1$; R_1=2.7kΩ y R_2=56kΩ

Sustituyendo: $\quad Z_{outf} = \dfrac{1.21}{1+\frac{2.7}{56}7.1} = 0.90\ \Omega$

Ahora se ha reducido la impedancia efectiva de salida en más de un 25%.

Lo anterior es importante porque permite mejorar la eficiencia del amplificador. Esto es, que puede transferir más potencia sobre la carga externa R_L en vez de sobre la impedancia interna Z_{out} del amplificador.

Un buen amplificador de audio debe poder transferir la mayor potencia posible sobre la carga, manteniendo una potencia interna mínima.

La tabla 8 presenta un resumen final de cómo quedan ahora los parámetros del AC del amplificador.

Hasta aquí la realización de los cálculos más importantes que se corresponden con los requerimientos de los objetivos técnicos planteados.

En la sección de los apéndices encontrará el esquemático del circuito amplificador con las correspondientes indicaciones en texto sobre los puntos claves de control de corriente y/o voltaje para la revisión práctica del circuito tanto DC como AC.

Parámetro	Valor	Unidad
$|A_{V1}|$	10	-
$|A_{Vf}|$	~5.3	-
$|A_{VTotalF}|$	~53	-
Z_{in}	39	kΩ
Z_{outf}	0.90	Ω
R_L (min)	4	Ω
CMRR	~59	dB

Tabla 8 Resumen final de los parámetros AC del amplificador.

En la siguiente sección se describe las características principales de los componentes claves seleccionados en el proyecto amplificador.

Descripción de los componentes del amplificador

Transistores BJT (2N3904)

La figura 17 muestra una vista de cómo luce este transistor, el tipo de cápsula y la configuración de pines.

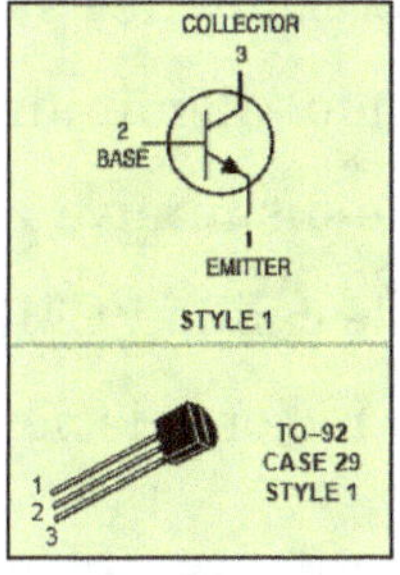

Figura 17. Vista y configuración de pines del 2N3904. Fuente: Internet.

Este transistor bipolar es un modelo muy común y de amplio uso en el mercado de los transistores BJT (*Bipolar Junction Transistor*).

El 2N3904 es un BJT de tipo NPN.

La siguiente tabla resume las características principales de trabajo de este tipo de transistor.

Parámetro	Valor Típico	Transistor
Corriente de colector I_C máxima	200 mA	**2N3904**
Potencia máxima (25ºC)	625 mW	
Ganancia de corriente DC h_{FE}	100-200	
Ancho de banda F_T (bandwidth)	300 MHz	
Figura de ruido (noise figure NF)	≤ 4 dB (1 mA)	

Tabla 9. Extracto de los parámetros característicos del transistor BJT 2N3904.

Este transistor ofrece excelentes características para su uso en aplicaciones de amplificación de audio de pequeña señal.

Información más detallada sobre este dispositivo se puede consultar de forma gratuita a través de Internet, en la hoja de datos (*datasheet*) del fabricante del dispositivo.

Con los transistores 2N3904 se ha configurado el modelo de fuente de corriente tipo espejo, conformado por los transistores Q_1 y Q_2 respectivamente.

La función de esta fuente de corriente además de permitir fijar un punto Q de operación en el par diferencial, es aumentar la impedancia equivalente en modo común, vista desde los terminales surtidor de los transistores Q_3 y Q_4, respectivamente, permitiendo disminuir considerablemente el ruido común en la salida, es decir, que disminuye o rechaza la ganancia en modo común, mejorando así el factor de calidad CMRR en la etapa del diferencial, y por ende, logra en general una mejor relación señal/ruido del amplificador.

Como ya se dijo, el CMRR es un indicador de calidad sobre la relación **señal/ruido** del amplificador.

En relación al ruido, según su procedencia existen dos tipos a considerar: el externo y el interno. El ruido externo es el proveniente en la señal de entrada, llamado ruido común. El ruido interno está asociado al propio transistor y proviene a su vez de dos fuentes: el ruido de disparo o ruido *shot* y el ruido térmico o ruido *Johnson*.

El ruido de disparo se debe a las fluctuaciones en las velocidades de las cargas (Q) que conforman la corriente de trabajo (I) del dispositivo. Como puede apreciarse en la expresión de la corriente del ruido de disparo (i_s), este ruido crece conforme aumenta la corriente (I) y del ancho de banda de la frecuencia de trabajo (Δf).

$$i_s = \sqrt{2QI\Delta f}$$

Dónde: Q = constante de carga del electrón = 1.602×10^{-19} C

Por otro lado, el ruido térmico se origina por la agitación y choque de las cargas por efecto de la temperatura. El voltaje de ruido térmico (v_t), crece conforme a la temperatura absoluta (T), la resistencia (R) y del ancho de banda de la frecuencia de trabajo (Δf).

$$v_t = \sqrt{4kTR\Delta f}$$

Dónde: k= constante de Boltzmann = 1.380649×10^{-23} J/K

A manera de ejemplo, si tenemos:

I = 107 mA; ΔF=20 kHz; T = 298.15K (25°C); R =3.3 MΩ

$$i_s = \sqrt{2QI\Delta f} = \sqrt{2 * 1.602x10^{-19}C * 107x10^{-3}A * 20x10^3\ Hz} \sim 26\ nA$$

$$v_t = \sqrt{4kTR\Delta f} = \sqrt{4 * 1.38x10^{-23}jk^{-1} * 298.15\ K * 3.3x10^{-6}\Omega * 20x10^3\ Hz} \sim 33\mu V$$

Como puede notarse, en el ejemplo de arriba, el rango del ruido máximo generado está en el orden de nanoamperios (nA=10^{-19} A) para una corriente DC de 107 mA (1mA=10^{-3}A), y en el orden de microvoltios (1μV=10^{-6}V) para una resistencia máxima de 3.3 MΩ. Estas magnitudes son comparativamente muy pequeñas en comparación con las magnitudes de mA y mV que respectivamente se manejan en el amplificador como niveles normales de corriente y tensión de trabajo.

No obstante, la componente de ruido total es una sumatoria de todas las componentes individuales, por lo que es siempre importante mantener las componentes individuales tan bajo como sea posible.

De momento, y para las aplicaciones propuestas para este amplificador no se considera necesario un análisis de ruido de este tipo, por lo que no hay que preocuparse por estos niveles de ruido relacionados con el ruido *shot* y el ruido *Johnson*, debido a que son insignificantes en comparación con el ruido externo asociado a la señal de entrada.

En lo que respecta al propio transistor 2N3904, la figura de ruido o *noise figure* (NF) de este transistor es menor a <4dB para una corriente de 1mA, lo cual puede considerase como buena en comparación con otros transistores tipo BJT de muy bajo ruido que suelen tener 3dB.

La figura o factor de ruido en un transistor es un parámetro que define el cociente entre la relación señal/ruido a la entrada y la relación señal/ruido a la salida. Se expresa en decibelios (dB) y cuanto menor es su valor menor es el ruido que el transistor suma o amplifica a la salida.

Se define como:
$$NF = 10 log_{10} F$$

Dónde: F es el factor de ruido, que es el cociente entre la potencia de ruido de salida P_{NO} y la potencia del ruido de la fuente generador de entrada P_{NG} como resistor.

$$F = \frac{P_{NO}}{P_{NG}}$$

Un valor de 4dB implica que F =2.51. Es decir, que el transistor genera ruido 2.51 veces mayor con respecto a una señal de entrada equivalente de una fuente resistiva, a la corriente de 1 mA.

Tomando en cuenta que el mayor valor de ruido térmico generado con

R=3.3MΩ es de apenas 33μV, se añadiría 83μV (2.51x33μV) a la salida del transistor. No obstante, este valor sigue siendo aún muy pequeño, 3 órdenes de magnitud menor, comparado con el orden de los milivoltios de la señal de entrada.

Por tanto, y como ya se dijo, no hay que preocuparse tampoco por este parámetro en esta aplicación particular.

El ruido a tomar en cuenta será entonces, el ruido común, aquel que viene asociado a la señal de entrada, y por ello, se configuro una primera etapa en diferencial, y se calculó el factor CMRR que expresa el rechazo al ruido común, y que es de ~59dB.

De acuerdo a lo anterior, el ancho de banda ($\Delta f = 20kHz$) se debe restringir siempre para favorecer el criterio de menor espectro de ruido posible. Esta medida se aplica a través de los capacitores C_5 y C_{11}, que forman un filtro RC pasa bajos, que limita la respuesta en frecuencia haciendo que la ganancia decaiga 20dB/década respecto de la frecuencia de corte $fch = 20kHz$.

Transistor FET (2N5459)

Este es un modelo de transistor de efecto de campo, conocido en inglés como FET (*Field Effect Transistor*).

El 2N5459 es un también un transistor FET de canal N, muy popular.

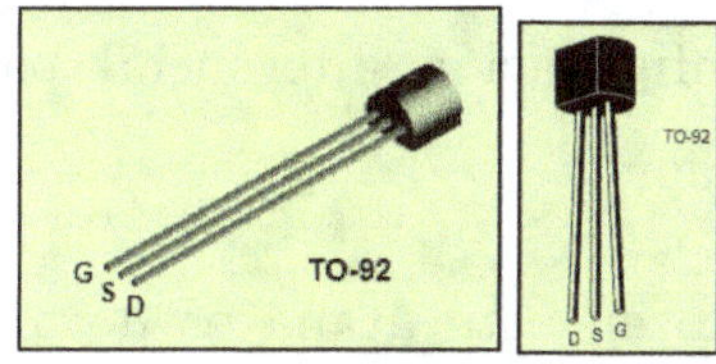

Figura 18. Vista y configuración de pines del 2N5459. Fuente Internet.

La tabla 10 resume sus características principales.

Este transistor es también un modelo de propósito general que ofrece excelentes características para aplicaciones de audio de pequeña señal.

La razón por la que se escoge un modelo de FET tanto para la etapa diferencial como para la etapa 2, es que en general los FET son menos ruidosos térmicamente que los BJT, y adicionalmente, ofrecen una impedancia de entrada muy alta, lo que prácticamente permite aislar las entradas V_{IN+} y V_{IN-}.

Parámetro	Valor Típico	Tipo
Corriente I_{DSS}, V_{GS}=0V, $V_{GS(OFF)}$= 0.5V	5 mA*	2N5459
Tensión $V_{GS(OFF)}$, I_D = 10 nA	-0.5V*	
Transconductancia o conductancia de transferencia g_m	2-6 mmhos	
Tensión de ruptura Gate-Source V_{BR}	-25 V	
Figura de ruido (noise figure NF)	**3dB** (máx)	
Frecuencia de corte F_T	100 MHz	
Potencia máxima de salida	350 mW	

*Valores estimados. Existe gran variabilidad de los parámetros según el fabricante.

Tabla 10. Extracto de los valores característicos del transistor 2N5459.

Según el fabricante, la figura de ruido de este transistor JFET es 3dB como valor máximo. Esto significa que el factor de ruido F es:

$$F < \frac{P_{NO}}{P_{NG}} < 2 \ (máximo)$$

Puede comprobarse que la figura de ruido de este transistor (2N5459) es menor que la vista en el caso del transistor 2N3904.

Se emplea en la etapa uno conformada por Q_3 y Q_4, como preamplificador de bajo ruido, y en una configuración diferencial para mejorar la relación **señal/ruido** del amplificador.

El factor **CMRR** estimado en esta atapa es de alrededor de 59 dB, y la ganancia diferencial calculada es de ~10.

Se emplea también en la etapa 2, de amplificación con bajo ruido.

Las corrientes de polarización son de alrededor de 0.5 mA para Q_3 y Q_4, y de 1.13 mA para Q_5 y Q_8 respectivamente.

Transistores de Potencia MOSFET (IRF540, IRF9540)

Estos son transistores de potencia, del tipo MOSFET (*Metal-Oxide-Semiconductor Field-Effect-Transistor*). El IRF540 es de canal N, el IRF9540 de canal P.

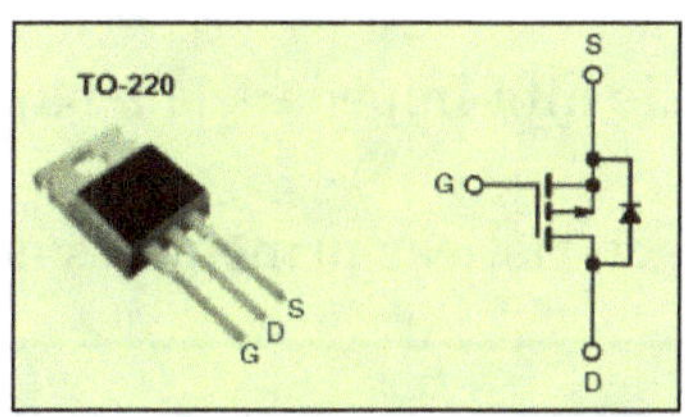

Figura 19. Configuración de pines del IRF540 e IRF9540. Fuente Internet.

Estos transistores son de tipo enriquecimiento (*enhancement*), ofrecen como principal ventaja un aislamiento casi galvánico a la entrada (Gate-Source).

Adicionalmente, pueden conducir niveles de corriente en el orden de decenas de amperios.

Tanto el IRF540 como su complementario el IRF9540 ofrecen excelentes características de alta corriente (potencia), **baja resistencia de encendido** $\mathbf{R_{DS(ON)}}$, estabilidad térmica y relativa baja capacitancia de entrada. Lo que lo hacen buenos candidatos para esta aplicación de audio.

Los transistores FET como el MOSFET son dispositivos que se relacionan por su transconductancia. Es decir, por su característica de la variación de la corriente de salida de drenador (*Drain*) como función de la variación de la tensión de entrada compuerta-surtidor ($V_{GS} = $ *gate-source voltage*).

Esto es lo que se llama conductancia característica de transferencia o transconductancia.

Los transistores Q_6, Q_7, Q_9 y Q_{10}, conforman respectivamente la etapa de salida de potencia. La configuración utilizada es la de seguidor de tensión tipo *push-pull*.

La ganancia en esta etapa es cerca de uno (0.77).

La función de esta etapa es poder manejar una carga tan baja como 4 ohmios, sin afectar significativamente la ganancia de las anteriores etapas del amplificador, pudiendo aportar tanto el voltaje como la potencia requeridos en la carga R_L (4-8Ω).

En otras palabras, se pasa de alta impedancia a baja impedancia de salida.

La tabla 11 resume las características principales de estos MOSFET.

Parámetro	Valor Típico	Modelo
Tension umbral V_T	~3 V	IRF540, IRF9540
Corriente máxima DC de drenador 25°C	23 A	
Transconductancia g_m	>3 S	
Resistencia de encendido $R_{DS(ON)}$ | V_{GS}=10V | 25°C	<0.077Ω (IRF540) <0.2Ω (IRF9540)	
Frecuencia de corte F_T	1 MHz	
Máxima tensión V_{GS}	±20V	
Capacitancia de entrada Cin	800 pF	
Máxima potencia 25°C	50 W	

Tabla 11. Extracto de los valores característicos de los transistores MOSFET: IRF540, IRF9540

En este caso, la figura de ruido no es el parámetro más importante a tomar en cuenta, ya que la amplificación es <1. En cambio, lo es la tensión umbral V_T, y muy especialmente su resistencia interna de encendido $R_{DS(ON)}$. Este último, $R_{DS(ON)}$ se suma a la resistencia interna del amplificador.

Lo ideal es que $R_{DS(ON)}$ sea lo más bajo posible y similares entre sí en ambos transistores complementarios.

En la siguiente sección, se describe lo relacionado al diseño de la placa PCB, el montaje experimental y las pruebas que se realizan para contrastar y comprobar el modelo diseñado en la teoría con el producto real, ya funcionando en una placa PCB de calidad comercial.

El Diseño de la placa PCB

La realización de la placa de circuito impreso o PCB (*printed circuit board*) se llevó a cabo utilizando el programa **KiCAD versión 6.0**.

KiCAD ofrece una versión <u>completamente gratuita</u> que se puede descargar e instalar sin ningún problema en cualquier ordenador de mesa o portátil, soporta múltiples sistemas operativos.

Para acceder y descargar la versión adecuada según el sistema operativo (Windows, Linux, MacOS, etc.) puede acceder al sitio oficial de KiCAD en el enlace, o escaneando el código QR que se muestran abajo.

https://www.kicad.org/

Esta información también está disponible en la sección de los apéndices.

El diseño del PCB realizado en KiCAD resulta en una placa de circuito impreso de dos caras, con forma rectangular, con dimensiones aproximadas de: 83 mm (largo) x 62 mm (ancho).

La imagen siguiente muestra como luce el diseño de la placa PCB tal como se puede ver en la interfaz gráfica de usuario del programa KiCAD V6.0.

Figura 20. Realización del PCB en el entorno de KiCAD V6.0. Circuito PCB doble cara. Medidas aproximadas: ~83x61 mm.

Como ya se mencionó el PCB fabricado es de dos capas.

La siguiente imagen muestra la vista 3D proporcionada por el visor 3D de KiCAD.

Como puede observarse se ha provisto de tres terminales tipo Bloque de 2 y 3 contactos respectivamente, para facilitar las conexiones desde/hacia la tarjeta.

La serigrafía (*silkscreen*) impresa en la cara superior facilita la instalación de los distintos componentes en la placa, mediante un texto de referencia de cada componente ubicado generalmente al lado o muy cerca donde éste debe ser instalado/soldado a la placa PCB.

El texto de la serigrafía indica la referencia de código, el valor del componente a instalar, polaridad, nombre, según el esquema electrónico de la figura 1.

Los transistores de potencia (Q_6, Q_7, Q_9, Q_{10}) están debidamente señalados en placa. Se ubican físicamente de la manera dispuesta para facilitar la colocación de sus respectivos disipadores de calor hacia el borde exterior de la placa.

El disipador de calor a utilizar debe ser adecuado para encapsulados de transistor tipo TO-220. En su defecto, se puede instalar un disipador de aluminio conveniente, siempre y cuando se aíslen los contactos metálicos de los transistores entre sí y el disipador de calor.

Lo anterior se logra mediante el uso de separadores eléctricos de contacto para chasis de transistores, como la mica y/o goma térmica. Es decir, que se aísla todo contacto eléctrico entre el disipador y el chasis metálico del transistor.

El disipador de calor debe permitir una transferencia adecuada a fin de evitar recalentamiento y alteración de los parámetros en los MOSFET.

Si no se disipa el calor adecuadamente se puede conducir a un recalentamiento en espiral que pudiera dañar al dispositivo.

La serigrafía de componentes indica también las polaridades de los capacitores y de la nomenclatura de los terminales bloques, indicando según el caso el texto: "Vcc", "**GND**", "**IN**" o "**OUT**", para referirse al voltaje de alimentación, tierra, entrada de audio o la salida de potencia, según se refiera dicho terminal.

Las figuras 21(a), 21(b), y 21(c) muestran las imágenes virtuales 3D generadas por KiCAD, de: cara superior de placa PCB con la serigrafía y componentes, cara superior de placa PCB indicando solo serigrafía, y cara de soldadura respectivamente.

En la figura 21 no se muestran los disipadores de calor.

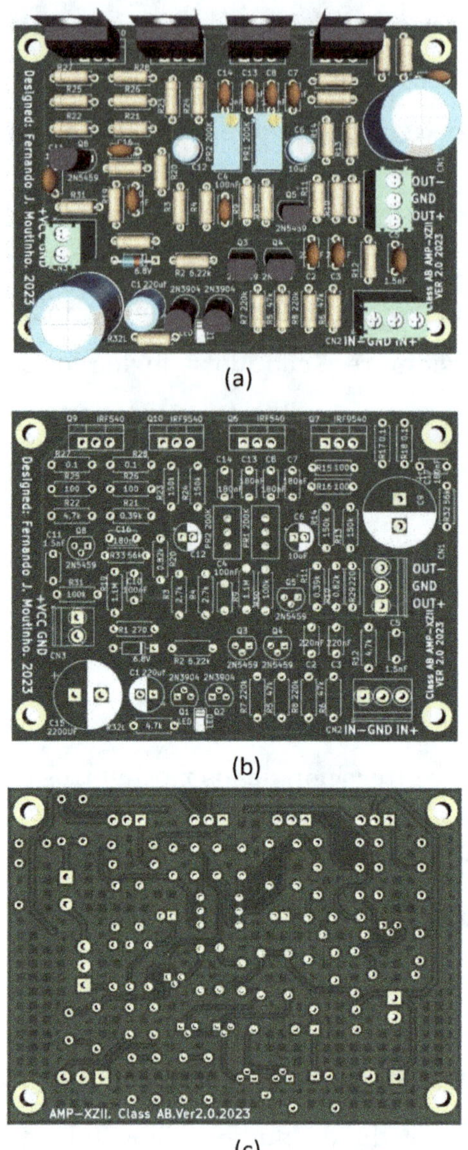

(a)

(b)

(c)

Figura 21. Simulación Vista 3D de la PCB. (a) Cara superior indicando serigrafía y componentes. (b) cara superior sin componentes y solo serigrafía, (c) cara inferior solo soldadura.

La figura 22 muestra ahora una foto de la placa PCB ya fabricada.

Los archivos de trabajo KiCAD de esta placa, así como los correspondientes ficheros de fabricación **Gerber**, están también disponibles en la sección de los apéndices. De modo que pueden descargarse para sencillamente reproducir o modificar esta placa, según la disposición del usuario.

Existen muchos proveedores que fabrican placas PCB, muy económicas y con distintas opciones de fabricación.

En este caso, se ha utilizado el proveedor: **JLCPCB**

Disponible en:

https://www.jlcpcb.com/

Esta información también está disponible en los apéndices de este trabajo.

Abajo, en la figura 22, véase las fotos de la placa PCB doble cara ya fabricada (aún sin componentes instalados).

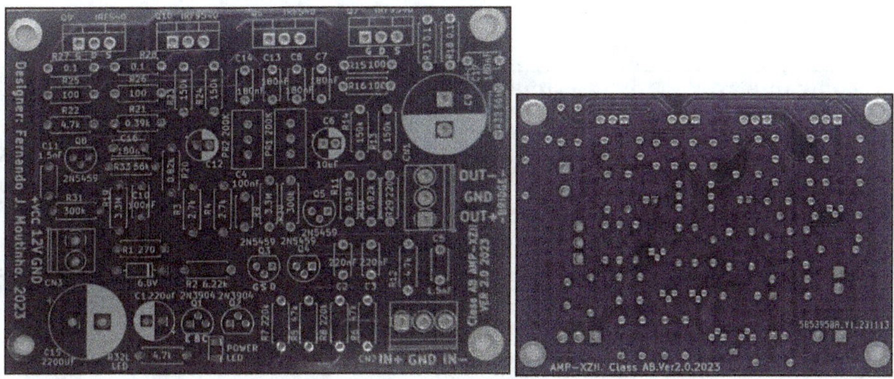

Figura 22. Fotos PCB fabricada. Lado de componentes y serigrafía (izquierda) y lado de soldadura (derecha).

Figura 23. Fotos PCB ensamblada con todos los componentes.

La figura 23 muestra las fotos de la placa PCB AMP-XZII totalmente ensamblada con todos sus componentes.

En la siguiente sección se muestra el resultado de las pruebas de caracterización de la placa ensamblada, a fin de probar y contrastar su funcionamiento con el modelo teórico calculado.

Caracterización y pruebas DC y AC de la placa AMP-XZII Hi-Fi

Parámetros DC

La tabla 12 muestra una comparación de los parámetros medidos experimentalmente, y los estimados en el diseño teórico.

Parámetro	Estimado T=25°C	Medido T=25°C	Obs.
V_{CC} (C_{15}) general	12 V	11.94	OK
Tensión Zener D1 6.8V	6.93 V	6.88	OK
I_{CQ1}	1mA	1mA	OK
I_{CQ2}	1 mA	1.03 mA	OK
I_{DQ4}	0.5 mA	0.57 mA	OK
I_{DQ3}	0.5 mA	0.43 mA	OK
I_{DQ5}	1.13 mA	1.053 mA	OK
I_{DQ8}	1.13 mA	1.068 mA	OK
I_{DQ67}	107 mA	82mA	OK
I_{DQ910}	107 mA	85mA	OK
Corriente total I_{CC} V_{CC}=12V	107*2+18.78+1*2+ 1.1*2 ~**237** mA	193 mA	OK
V0'	10.65 V	10.72 V-Q3/10.42V-Q4	OK
V0"	8.36 V	8.07 V	
V_{GQ4}	2.1 V	2.15 V	OK
V_{GSQ4}	-0.44 V	-0.46 V	OK
V_{GQ3}	2.1 V	2.12 V	OK
V_{GSQ3}	-0.44 V	-0.49V	OK
V_{CQ2}	2.55 V	2.52 V	OK
V_{PR1}	4.7 V	4.38 V	OK
V_{PR2}	4.7 V	4.3 V	OK
V_{GQ5}	1 V	0.928 V	OK
V_{DQ5}	6.66 V	6.98 V	OK
V_{DQ8}	6.66 V	6.91 V	OK
V_{GQ8}	1V	0.948 V	OK
V_{GSQ6}	<2.1 V	2.19 V	OK
V_{GSQ7}	>-2.1 V	-2.19 V	OK
V_{GSQ9}	>2.1 V	2.19 V	OK
V_{GSQ10}	>-2.1 V	-2.19 V	OK

V_{PR14}	3.64 V	3.69 V	OK
V_{PR26}	3.64 V	3.77 V	OK
V_{OUT} DC (antes de C_9)	~6 V	5.74 V	OK
V_{OUT2} DC	~6 V	5.71 V	OK
Potencia Q_6 V_{CC}=12V	~0.642W	0.513 W	OK
Potencia Q_7 V_{CC}=12V	~0.642W	0.470 W	OK
Potencia Q_9 V_{CC}=12V	~0.642W	0.534 W	OK
Potencia Q_{10} V_{CC}=12V	~0.642W	0.485 W	OK
Potencia Total (reposo)	~2.84W	2.32W	OK

Tabla 10. Placa AMP-XZII Hi-Fi. Parámetros DC

Observaciones:

En lo relativo a la calibración de P1 y P2 debe hacerse de forma indirecta. Es decir, midiendo la corriente de drenador IDQ67 en R_{17} o R_{18} y calibrar el valor de P1 hasta obtener una corriente nominal ~107 mA. Lo mismo para la corriente IDQ910, medir la corriente en R_{27} o R_28 y calibrar P2 respectivamente hasta alcanzar la corriente nominal de ~107mA.

La razón es que tanto P1 como P2 están en un circuito de alta impedancia. Medir la tensión VPR1 o VPR2 con un multímetro normal de 200kΩ/V, en una escala de 20V, por ejemplo, implica una impedancia de solo 4MΩ. La impedancia del multímetro estará paralela por lo que la impedancia efectiva será más baja. Por tanto, el voltaje real será mayor al medido. Es por ello que, para evitar este error, debe medirse indirectamente, través de las resistencias series al drenador/surtidor respectivo.

Multímetros con impedancias de 1MΩ, introducirán un error aún mayor.

Debe tenerse mucho cuidado con provocar una espiral ascendente de corriente/temperatura que puede quemar y/o dañar de forma irreparable los MOSFET.

Como existe un efecto térmico, la corriente inicial siempre se incrementará al calentarse los MOSFET, debe graduarse las corrientes IDQ67 y IDQ910 de forma progresiva, a intervalos de 5-10 min, hasta alcanzar una corriente estable. Este es, comenzando siempre por un valor mucho menor a 107 mA, y luego ir ajustando hasta lograr un equilibrio corriente/temperatura.

Si la temperatura de los MOSFET no se estabiliza, sino que sube, hay que bajar el valor de P1 y/o P2 hasta lograr un equilibrio.

Los MOSFET deben operar con sus respectivos disipadores de calor que ayudan a enfriar y así alcanzar el equilibrio corriente/temperatura.

Obviamente este equilibrio también dependerá de la temperatura externa y del tipo de disipador utilizado.

Debe tratarse de ambas corrientes IDQ67 y IDQ910 sean lo más parecidas posible.

Parámetros AC

Parámetro	Estimado	Medido	Observaciones
Ganancia A_{V1} Etapa 1 V0'/Vin, 10kHz	10 V_{GS}=044	5.72-Q_3 5.68-Q_4	VGSQ3=-0.49V; g_m =4.65 mmhos; AV=6.27 VGSQ4=-0.46V; g_m =6.33 mmhos AV=8.54
Ganancia A_{V2} Etapa 2 V0''/V0, 10kHz	-9.23	-7.95-Q5 -7.81-Q8	OK
Ganancia A_{V3} Etapa 3 V_{OUT}/V0'', 10kHz	0.76	0.93-Q67 0.92-Q910	OK
A_{VF}, 10kHz*	|5.3|	5.41-Q3 5.30-Q4	OK
Ganancia Total $A_{VTotalF}$ (A_{V1}xA_{VF}), 1kHz (Bridge)	|53| Bridge ~|27| single	51.7	OK
CMRR 10kHz V_{IN}=150 mV RMS V_{OUT} R_L=4Ω $A_{VToatlF}$=53	59dB	>50dB	OK
FCL AV=-3dB; R_L=4Ω	>20 Hz	250 Hz AV=14@100 Hz	OK
FCH (con feedback negativo) AV=-3dB; R_L=4Ω	20 kHz	26 kHz	OK
Max. Potencia R_L=4Ω, 1kHz, V_{CC}=12V. Modo Bridge	4.5 W (mín.)	4.7 W	OK
Carga de trabajo	4Ω	4Ω	OK

***Ganancia a lazo cerrado de la etapa 2 y 3.**
Tabla 11. Placa AMP-XZ1 Hi-Fi. Parámetros AC

Distorsión THD

En este caso solo se medirá la distorsión de tercer armónico a las frecuencias de referencia 1 kHz y 10 kHz respectivamente.

Se utiliza como señal de referencia de entrada de audio una señal sinusoidal con una amplitud de ~200 mV RMS, con frecuencias *f1* de **1 kHz**, y *f2* **10 kHz** respectivamente.

La distorsión mide la presencia de frecuencias armónicas; *2fo*, *3f0...nf0* presentes junto a la frecuencia fundamental *f0*.

A mayor distorsión, mayor influencia de armónicos que degradan la linealidad y calidad de la señal de audio.

La expresión utilizada para el cálculo de la distorsión será:

$$THD = \frac{\sqrt{V_1{}^2 + V_2{}^2}}{v_0}$$

Dónde:

THD = distorsión de la tercera armónica (*Third armonic distorsion*)

V_n es el valor de amplitud RMS de la **n+1** frecuencia armónica, V_0 es el valor RMS de la componente fundamental, V_1 y V_2 son las amplitudes RMS de la primera y segunda frecuencia armónica, y f_0 es la frecuencia fundamental.

Se utiliza el método de la tercera armónica.

Es necesario disponer de un osciloscopio con función FFT (*fast furier transform*) o en su defecto de un analizador de espectro.

La señal de entrada será de la forma:

$$v_{INREF} = V_m\,sen(wt)|\ V_m\sim200\ mVRMS$$

La señal de entrada será pasada primero por el FFT del osciloscopio a fin de comprobar que no existe distorsión en la señal de entrada.

La señal de salida será entonces:

$$v_{0OUT} = A_v * V_m\,sen(wt) + V_1 sen(2wt) + V_2 sen(3wt)$$

Dónde:

w= 2*π*f_0

t= tiempo

f_{01} = 1 kHz, f_{02} = 10 kHz; frecuencias fundamentales

V_1 = amplitud RMS correspondiente del <u>segundo armónico</u> según el caso:

$$2f_{01} = 2 \text{ kHz con } f_0 = 1\text{KHz}$$

$$2f_{02} = 20 \text{ kHz con } f_0 = 10 \text{ KHz}$$

V_2 = amplitud RMS del <u>tercer armónico</u> según el caso:

$$3f_{01} = 3 \text{ kHz con } f_0 = 1\text{kHz}$$

$$3f_{02} = 30 \text{ kHz con } f_0 = 10\text{kHz}$$

En este caso, y para esta prueba, se trata de que la componente de salida del altavoz tenga la mayor amplitud o volumen de audio posible, para estas frecuencias de referencias, es decir, a 1 kHz y 10 kHz respectivamente.

La potencia máxima se define como la amplitud máxima de voltaje que el equipo puede entregar al altavoz de salida sin que se escuche o se aprecie una distorsión significativa aparente en su salida.

En este punto, de potencia máxima, es donde se procede a determinar la componente de distorsión máxima THD correspondiente al valor máximo de potencia.

Normalmente, la distorsión es un parámetro que aumenta conforme aumenta la potencia del sistema.

La figura 24 muestra el espectro FFT de las señales de referencia a las respectivas frecuencias fundamentales de 1kHz y 10 kHz.

Obsérvese que estas señales son las entradas de referencia a la placa amplificador.

La FFT empleada será la misma en todo caso para estimar las diferencias entre las amplitudes de entrada y las de salida.

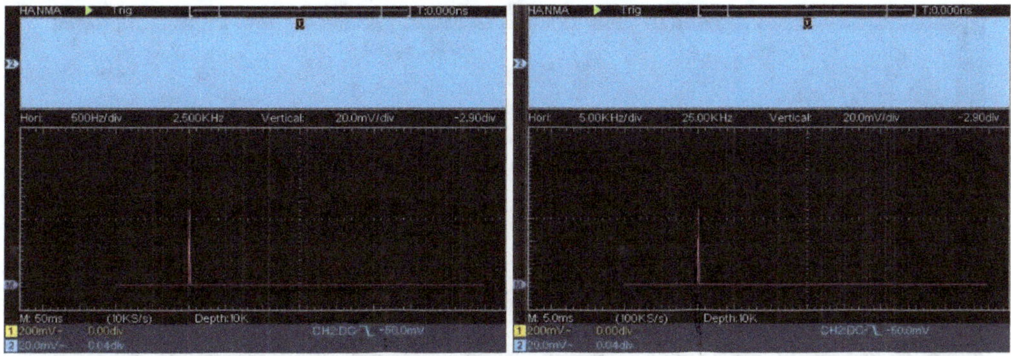

Figura 24. Espectro FFT de las señales de referencia a 1kHz (izquierda) y 10 kHz.

La figura 25 muestra ahora el correspondiente espectro FFT de la señal de salida a 1 kHz, con potencia máxima, y una carga de 4Ω.

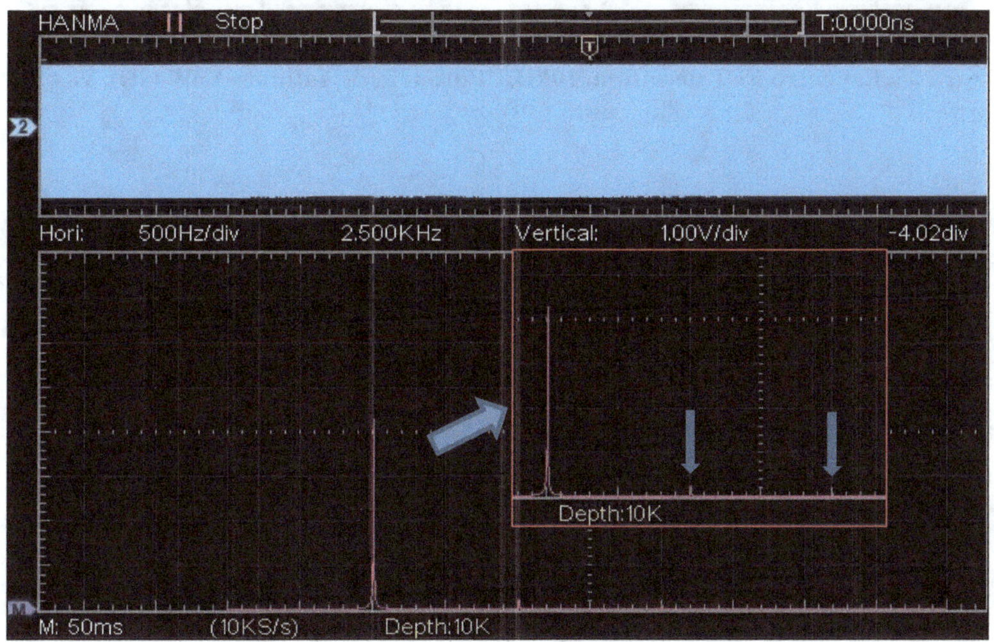

Figura 25. Espectro FFT de salida, 1kHz. Potencia de salida: ~4.5W (4Ω). V_{in}=250 mV

La figura 26 muestra el correspondiente espectro FFT de la señal de salida a 10 kHz.

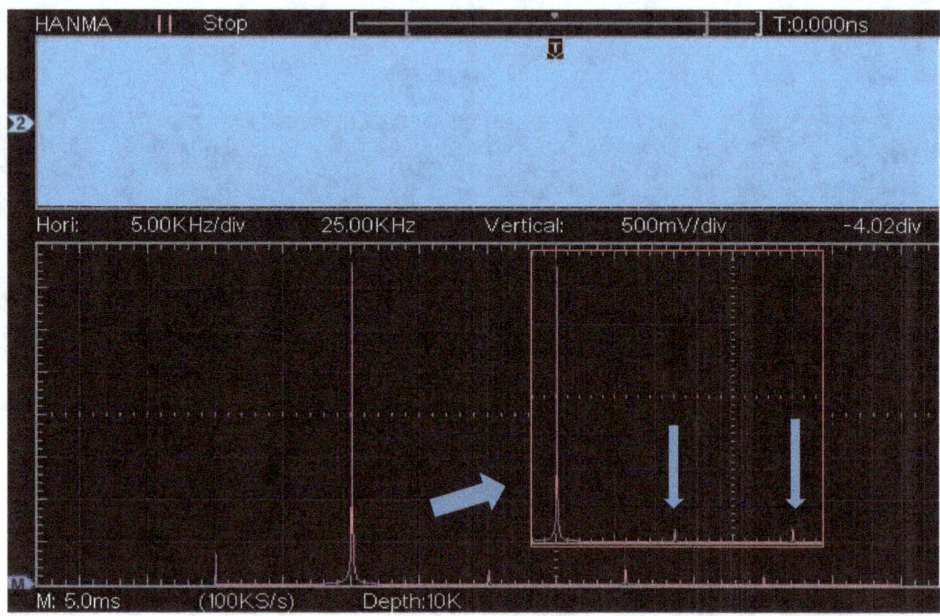

Figura 26. Espectro FFT de salida, 10kHz. Potencia de salida: ~4.5W (4Ω). V_{in}=250 mV.

Haciendo las aproximaciones sobre los datos de la gráfica de las figuras 25 y 26 tenemos:

Coeficientes de las frecuencias armónicas:

Espectro FFT obtenido con un osciloscopio:

Marca: Hanmatek. Modelo: DOS1102

Escalas verticales utilizadas: 1V/div y 500 mV/div

V_0 ~4400mV (RMS) a 1 kHz y V_0 ~3800 mV a 10 kHz (Voltaje de salida)

V_1 ~200 mV (RMS) a 2 kHz (salida)

V_2 ~0 mV (RMS) a 3 kHz (salida)

V_1 ~100 mV (RMS) a 20 kHz (salida)

V_2 ~150 mV (RMS) a 30 kHz (salida)

Sustituyendo para 1 KHz y 10 kHz respectivamente:

$$THD = \frac{\sqrt{v1^2+v2^2}}{v_0} = \frac{\sqrt{200^2+0^2}}{4400} = 0.04545 = 4.5\%$$

TDH < 4.5% $1kHz$, $4400\ mVRMS$; ~$4.5W$. $Tercer\ armónico$

$$THD = \frac{\sqrt{v1^2 + v2^2}}{v_0} = \frac{\sqrt{100^2 + 150^2}}{3800} = 0.04744 = 4.74\%$$

THD< 4.74% 10kHz, 3800 mVRMS; ~4.5W. Tercer armónico

Observaciones:

Los valores de distorsión TDH obtenidos para 1kHz y 10kHz respectivamente, muestran que la distorsión armónica es relativamente baja a niveles de potencia máxima, donde la distorsión es también máxima, los cuales son comparable con la de equipos Hi-Fi de muy alta calidad.

Es decir, que cumple con los objetivos planteados en este proyecto.

Eficiencia

La eficiencia queda determinada por la fracción de la potencia efectiva entregada sobre una carga de 4Ω, y la potencia total consumida, ambas medidas experimentalmente.

Datos extraídos de las tablas 10 y 11 respectivamente.

Parámetro	Estimado	Medido	Error
n	~63%	~65%	OK

Tabla 12. Placa AMP-XZ1 Hi-Fi. Eficiencia

Observaciones:

El aumento de la eficiencia se logró al optimizar la corriente de reposo de los MOSFET por debajo del valor estimado de 107 mA, a solo ~80 mA. Reduciéndose drásticamente la potencia disipada en reposo por el amplificador, y por ende, mejorando este indicador.

Potencia media máxima

La figura 27 muestra la potencia máxima obtenida en modo bridge para las frecuencias de 1 y 10 kHz respectivamente. Para ello se ha utilizado una señal sinusoide de frecuencia fija y cuya amplitud se varía hasta obtener el máximo de amplitud (sin distorsión aparente) en la salida del amplificador.

$$v_{INREF} = V_m\, sen(wt)$$

Para medir la amplitud máxima se toma en cuenta que la señal de salida sea siempre simétrica y sin signos de recortes o deformación en la amplificación.

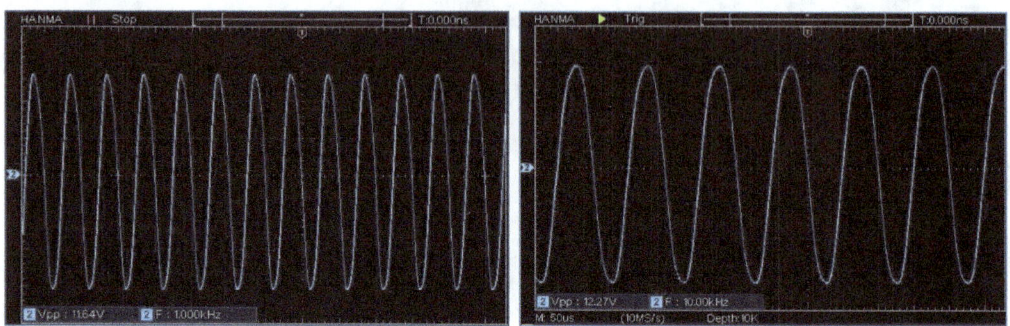

Figura 27. Señal máxima de salida f(t) para f= 1kHz (izquierda) y f= 10 kHz (derecha) respectivamente. V$_{CC}$=12 V. R$_L$ = 4Ω. Modo Bridge

Captura de pantalla realizada con un osciloscopio:

Marca: Hanmatek. Modelo: DOS1102

A partir de los datos de la figura 27 extraemos los valores de voltaje pico máximo.

$$V_m = \frac{V_{pp}}{2} = \frac{11.64}{2} = 5.82 \mid 1\text{kHz}; \qquad V_m = \frac{12.27}{2} = 6.13 \mid 10\text{ kHz};$$

$$\mathbf{R_L = 4\Omega}$$

P$_{máx}$= **4.23 W**| 1kHz   P$_{máx}$= **4.70 W**| 10 kHz

$$P_{RL} = \frac{V_M{}^2}{2R_L}$$

Observaciones:

La potencia máxima obtenida en este caso ha sido medida sin observar ninguna distorsión aparente en la señal de salida.

La potencia máxima, más baja de lo esperado, está limitada por las tensiones que requieren los MOSFET para polarizar la unión Gate-Surtidor. Esto hace que se reste tensión para la excursión de la señal de salida.

Una prueba realizada con una carga equivalente de R_L=2Ω, colocando en paralelo dos (2) altavoces de 4 Ω cada uno, resultó en un incremento de la potencia sin afectar la amplitud y forma de la señal de salida.

Esto también es posible ya que los MOSFET pueden disponer de la corriente necesaria muy sobradamente, y también porque en el modo retroalimentado la impedancia de salida es aún lo suficientemente baja, como para que no se produzca una caída interna significativa en el amplificador, aún con una carga de R_L=2Ω.

Los resultados obtenidos con $\mathbf{R_L = 2\Omega}$ (modo Bridge) son:

$V_m = 8\,|\,1\,\text{kHz};$ $\qquad\qquad V_m = 6\,|\,10\ \text{kHz}$

$\text{P}_{máx}= \sim\!7.9\ \text{W}\,|\,1\text{kHz}$ $\qquad\qquad \text{P}_{máx}= \sim\!9.5\ \text{W}\,|\,10\ \text{kHz}$

Ancho de banda: *Gain* vs kHz

En esta sección se medirá la respuesta en frecuencia del amplificador.

Los valores de la ganancia se medirán conforme a las frecuencias establecidas en la tabla 13.

Los valores de la ganancia serán obtenidos con una carga de R_L= 4 ohm conectada al amplificador.

La onda utilizada para esta prueba será de la forma: $V_m\sin(wt)$, dónde V_m es la amplitud pico y wt =2πf.

Dónde f es la frecuencia utilizada.

El modo utilizado es el modo Bridge.

La ganancia calculada se establece con una carga real (altavoz) de 4 ohmios.

Frecuencia (Hz) $V_{IN}= V_{pp}=50$ mV	$|A_{VTOTALF}|$ $R_L =4\Omega$
20	7
40	10
80	16
100	19
150	27
200	30
250	33
300	37
350	40
400	42
500	45
600	48
700	50
800	52
1.000	55
2.000	61
4.000	65
5.000	65
6.000	65
8.000	63
10.000	60
12.000	57
14.000	55
16.000	52
18.000	50
20.000	47
22.000	45
28.000	40
32.000	39
40.000	35
80.000	24
90.000	21
100.000	18

Tabla 13. Placa AMP-XZII. Parámetros AC, ancho de banda. Ganancia vs Hz.

La siguiente figura muestra el diagrama de **BODE** correspondiente a la ganancia $A_{VTOTALF}$, según los datos obtenidos en la tabla 13.

De acuerdo a la curva de la figura 28 la ganancia máxima para este amplificador se sitúa en torno al rango de frecuencias entre: 2kHz -10 kHz (sombreado), teniendo como punto de corte bajo ~500 Hz (A_V~70.7%~45), y punto de corte alto ~22kHz (A_V~70.7%~45).

La respuesta anterior no es especialmente buena para frecuencias muy bajas, entre los 20-100Hz. La ganancia efectiva para frecuencias bajas comienza a notarse a partir de los 150Hz.

Este tipo de respuesta puede ser ideal para altavoces de todos los rangos ya que gran parte del espectro 2kHz-10kHz tiene una excelente amplificación, que puede resultar en un muy buen desempeño de los rangos medios y altos con un equilibrio para la respuesta a bajas frecuencias.

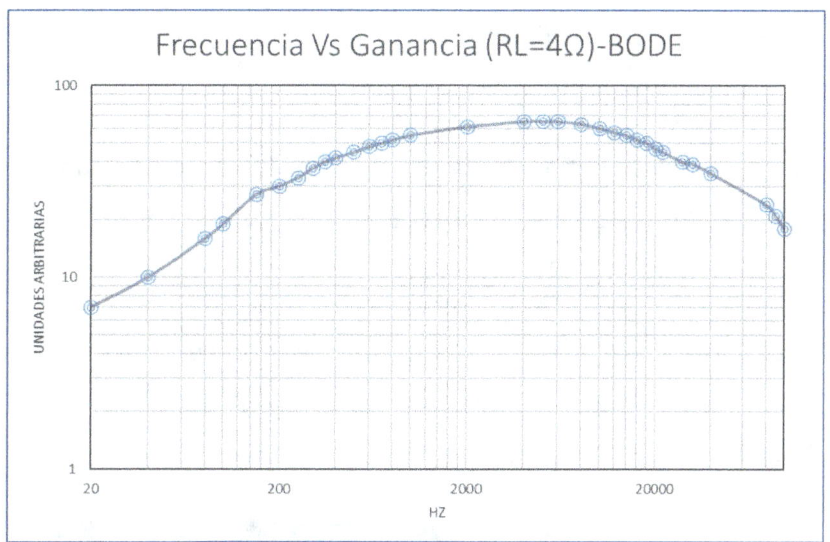

Figura 28. Diagrama de BODE: A_{VTOTAL} vs Hz.

Distorsión de cruce

En este apartado se comprobará la distorsión de cruce por cero del amplificador.

Al emplear una etapa de *push-pull* (etapa 3), con activación de un semiciclo por cada transistor, se puede generar una distorsión llamada distorsión de cruce, que se produce justo cuando se pasa de un semiciclo de conducción con un MOSFET a otro semiciclo de conducción con el MOSFET complementario.

Dicha distorsión se apreciaría como una discontinuidad o brinco en el trazo de la señal f(t) de salida, cerca del cruce por cero, que produce como un recorte por falta de conducción durante esta distorsión. Esta es la principal fuente de distorsión en este tipo de amplificador.

Como ya se explicó, para eliminar este problema se debe colocar con seguridad en la zona de conducción ambos MOSFET de salida, de modo que no opere ninguno en la región de corte. Para ello, es necesario polarizar en DC una corriente adecuada que garantice que ambos transistores de salida están operando efectivamente en su respectiva zona de conducción.

La figura 29 muestra la señal de salida del amplificador cuando se inyecta una señal sinusoidal de 1 kHz, y se obtiene una salida amplificada de baja amplitud de aproximadamente 1500 mV$_{pp}$.

La figura 29 muestra claramente que no se aprecia indicio alguno de distorsión por cruce, aun cuando en la imagen de la derecha se ha aumentado la escala justo en el cruce por cero, para ver en detalle.

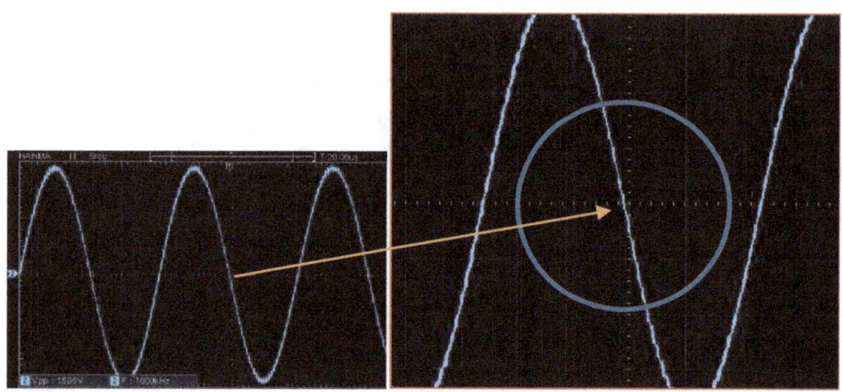

Figura 29. Izquierda: señal completa. Derecha: cruce por cero aumentado. Vertical 200mV/div.

Por lo que se puede decir, que los transistores MOSFET de salida operan correctamente durante los semiciclos negativos y positivos de la señal de salida.

Es decir, no hay distorsión aparente de cruce, al menos medida en las condiciones descritas, que pueda afectar a la calidad de la señal de salida.

El producto final: placa Amplificadora de Audio Hi-Fi AMP-XZII

Finalmente, se ha diseñado y construido un segundo modelo completamente funcional y comercial de una placa amplificadora de audio, con excelentes prestaciones y calidad de audio a nivel de alta fidelidad Hi-Fi.

La figura 30 representa un esquema simplificado del Amplificador de Audio AMP-XZII Hi-Fi, representado como un módulo OPAMP de 8 puertos.

La placa amplificadora puede ser utilizada como amplificador de audio para cualquier proyecto donde se requiera un amplificador de alta calidad Hi-Fi conectado a altavoces de impedancia **2-8Ω** (**4Ω** recomendado). En aplicaciones diversas como: Bluetooth, coches, casa, altavoces amplificados, y/o proyectos relacionados.

El producto en cuestión (figura 31): **Placa Amplificadora de Audio AMP-XZII Hi-Fi**, así aquí llamado, es un proyecto que puede ser llevado acabo por cualquiera interesado en reproducir este modelo de amplificador.

Para garantizar la reproducibilidad de este proyecto, se ha suministrado información de diseño, los archivos PCB, lista de componentes, esquemáticos, y todo cuanto se ha considerado necesario para la realización completa de este trabajo.

Los recursos arriba mencionados son de uso totalmente gratuitos, de la forma tal y como están.

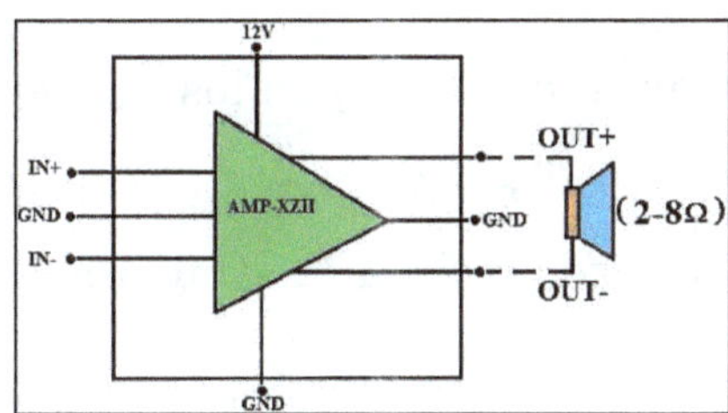

Figura 30. Esquema simplificado del Amplificador de Audio AMP-XZII Hi-Fi.
Modo: Bridge

Figura 31. Producto final: Foto Placa Amplificadora de Audio AMP-XZII Hi-Fi

En la siguiente sección se verá como configurar y usar la Placa Amplificadora de audio AMP-XZII Hi-Fi.

Configurar y usar la Placa Amplificadora de Audio AMP-XZII Hi-Fi

Básicamente, puede usar este amplificador para amplificar señales de audio que están en el orden de los milivoltios, como, por ejemplo, la típica señal de pre-amplificación de audio, y llevarla a una escala de voltios, para que pueda mover algún parlante de potencia con impedancia 2-8Ω (4 Ω recomendado). Y en cualquier otro caso donde desee amplificar señales de baja o muy baja amplitud (milivoltios).

Para mayor comodidad y entendimiento, en los siguientes ejemplos, la Placa Amplificadora AMP-XZII Hi-Fi se representa como un bloque de ocho (8) puertos. Dos de ellos, son la conexión a la alimentación general V_{CC} (12V) y otro al GND.

La configuración de uso de la Placa Amplificadora de Audio AMP-XZII Hi-Fi puede ser de las siguientes maneras:

1. **En modo sencillo**: se utilizan las dos salidas de forma independiente. Se utilizan dos (2) altavoces.

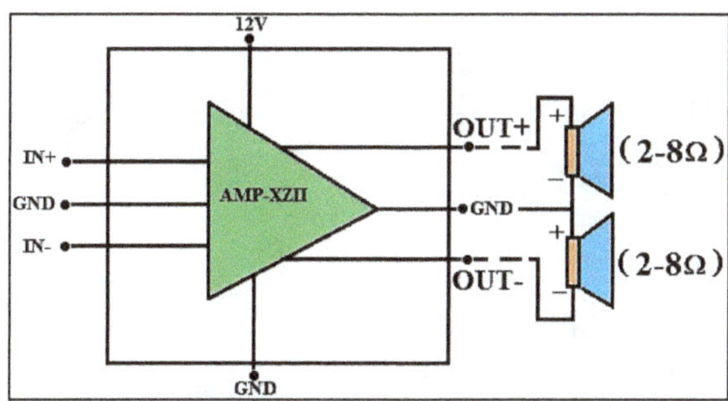

Figura 32. Esquema de conexión modo simple de la placa AMP-XZII. Modo simple.

Un altavoz conectado a la salida OUT+ y el otro conectado a la salida OUT-. En este modo se puede utilizar dos altavoces como muestra la figura de arriba.

En este modo la placa puede funcionar como una unidad de rechazo comun o mono, según se desee.

La conexión de entrada puede realizarse de la siguiente manera:

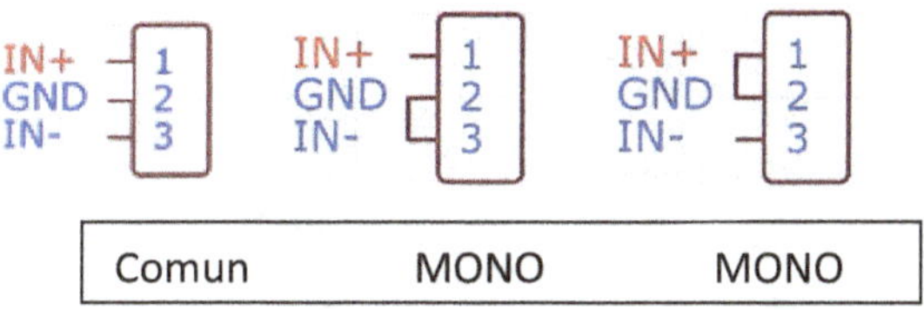

Figura 33. Esquema de conexión de entrada a la placa AMP-XZII.

Tome en cuenta que según la conexión de la señal de entrada las salidas pueden cambiar de signo $\pm$.

Las salidas están desfasadas 180° entre sí.

Al utilizar este modo se debe compensar el signo de la señal de salida en la conexión al altavoz, tal como se indica en la figura 32. Esto se hace para que el diafragma de ambos altavoces tengan la misma fase, y así se sumen sus respectivas amplitudes.

La potencia total de salida será:

$$V_{OUT} = P_O x\, 2 = 4W \quad |R_L = 4\Omega$$

2. **En modo Bridge**: se usa un solo (1) altavoz conectado entre las salidas OUT+ y OUT-.

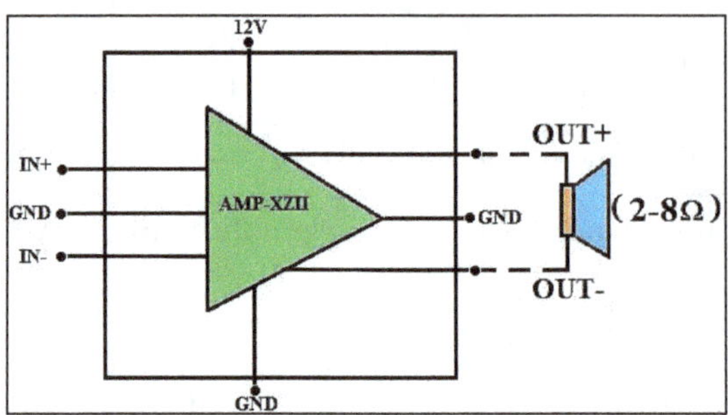

Figura 34. Esquema de puertos equivalente de la placa AMP-XZII. Modo Bridge.

En este modo se obtiene el máximo de potencia del amplificador.

La potencia total de salida será:

$$V_{OUT} = 4.5W \quad |R_L = 4\Omega \; ; V_{CC} = 12V$$

$$V_{OUT} = 9W \quad |R_L = 2\Omega; V_{CC} = 12V$$

Intencionalmente dejada en blanco

Bibliografía

1. **ELECTRÓNICA. DIY: Placa Amplificadora de Audio AMP-XZ1 Hi-Fi. VOL I**: Haga su propia placa amplificadora de audio, clase AB, alta calidad Hi-Fi. De ... institutos, academias y universidades. Moutinho Fernando 12 julio 2023. Disponible en Amazon.

2. **ELECTRÓNICA. Transistores: BJT, FET y MOSFET. Teoría y aplicaciones prácticas.** Moutinho Fernando. 17 de mayo 2023. Disponible en Amazon.

3. **Electrónica**: **Teoría y Aplicaciones prácticas de los Dispositivos más Comunes** (nueva impresión, 2022). Moutinho Fernando. 7 de septiembre 2022. Disponible en Amazon.

4. **Proyecto Altavoz Amplificador Portátil MT-5: DIY: Guía completa para construir tu propio altavoz amplificador portátil. Impresión 3D + Hi-Tech Electrónica + Eco-Friendly**. 4 diciembre 2022. Disponible en Amazon.

5. **Amplificadores: diferencial, OPAMP. Algunos diseños y aplicaciones**. 7 julio 2020. Disponible en Amazon.

6. **ELECTRÓNICA: OP-AMPS notas técnicas**. Moutinho Fernando. 26 de junio 2019. Disponible en Amazon.

Apéndices (recursos)

Apéndice 1: Esquema electrónico y listado de componentes

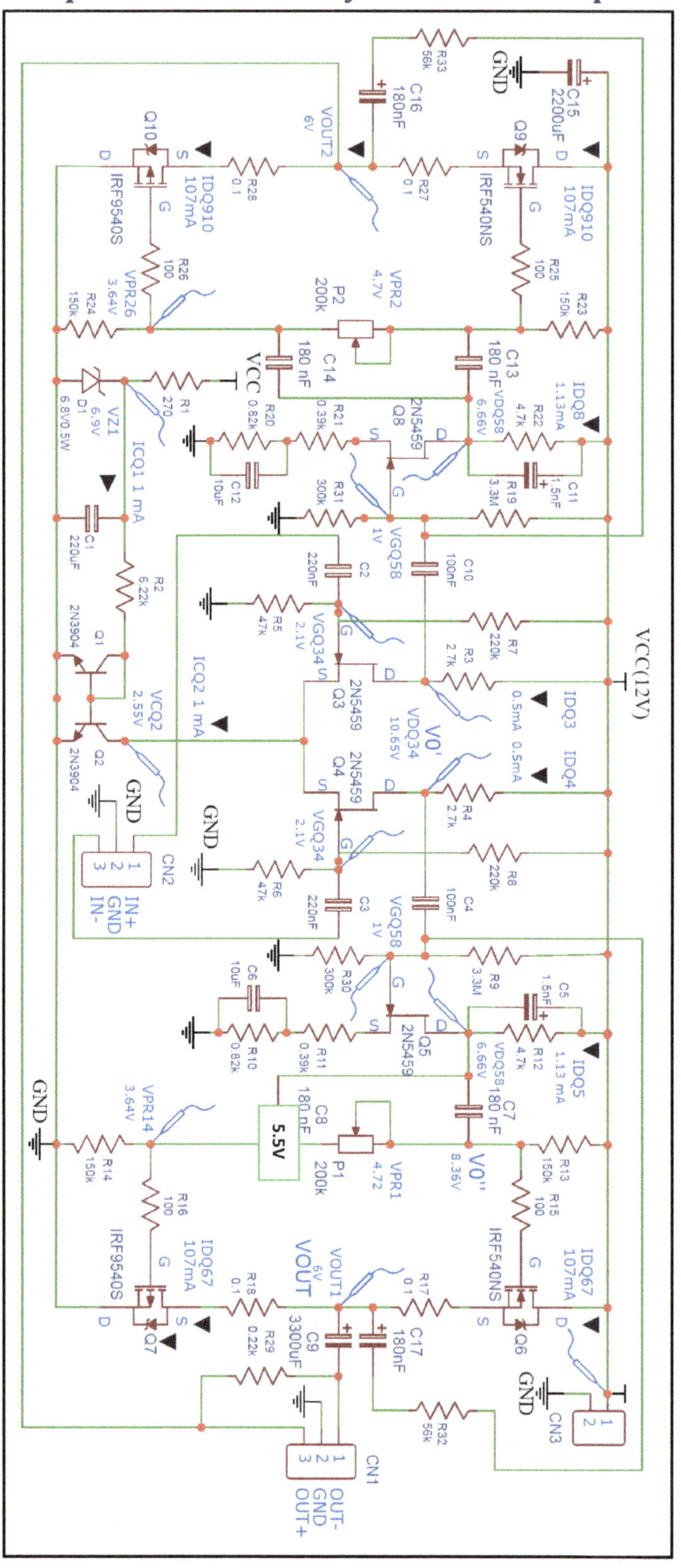

Listado componentes Placa Amplificadora AMP-XZII:

REF-Código	Especificación	Cant.
D1-BZX55C6V8	Diodo Zener 6.8V ½ watt	1
Q1, Q2 -2N3904	Transistor BJT, NPN, TO-92	2
Q3, Q4, Q5, Q8 -2N5459	Transistor JFET, canal N, TO-92	4
Q6, Q9 -IRF540	Transistor MOSFET, Canal N, TO220AB	2
Q7, Q10 -IRF9540	Transistor MOSFET, Canal P, TO220AB	2
R1 270 Ω	Resistor ¼ watt, 1%	1
R2, 6.22 kΩ	Resistor ¼ watt, 1%	1
R3, R4 2.7 kΩ	Resistor ¼ watt, 1%	2
R5, R6 47kΩ	Resistor ¼ watt, 1%	2
R7, R8 220 kΩ	Resistor ¼ watt, 1%	2
R13, R14, R23, R24 150k	Resistor ¼ watt, 1%	4
R9, R19 3.3 MΩ	Resistor ¼ watt, 1%	2
R10, R20 0.82kΩ	Resistor ¼ watt, 1%	2
R11, R21 0.39kΩ	Resistor ¼ watt, 1%	2
R15, R16, R25, R26 0.1k	Resistor ¼ watt, 1%	4
R17, R18, R27, R28 0.1Ω	Resistor ¼ watt, 1%	4
R12, R22 4.7k	Resistor ¼ watt, 1%	2
R29 220Ω	Resistor ¼ watt, 1%	1
R30, R31 300k	Resistor ¼ watt, 1%	2
R32, R33 56k	Resistor ¼ watt, 1%	2
PR1, PR2 -200 kΩ	Pot. Multivueltas, 25 vueltas. Ajuste vertical	2
C1 220µF/16V	Capacitor electrolito vertical, (Dia). 6.3 mm, 2.5mm pitch	1
C2, C3 220nF/16V	Capacitor cerámico vertical, 5 mm pitch	2
C4, C10 100nF/16V	Capacitor cerámico vertical, 5mm pitch	2
C5, C11 1.5nF/16V	Capacitor cerámico vertical, 5mm pitch	2
C6, C12 10µF/16v	Capacitor electrolito vertical, (Dia). 5 mm, 2 mm pitch	2
C7, C8, C13, C14, C16,C17 180nF/16V	Capacitor cerámico vertical, 5 mm pitch	6
C9 3300µF/16V	Capacitor electrolito vertical, (Dia). 13 mm, 5 mm pitch	1
C15 2200µF/16V	Capacitor electrolito vertical, (Dia). 12.5 mm, 5 mm pitch	1
Terminal Bloque 1x2	Terminal Block Phoenix 1x2,3.5 mm pitch	1
Terminal Bloque 1x3	Terminal Block Phoenix 1x3,3.5 mm pitch	2
Disipador de calor	TO-220AB	4

Materiales y equipos requeridos para su ensamblaje:

1. Placa PCB amplificador AMP-XZII Hi-Fi V2.0. 2023

2. Componentes electrónicos (arriba indicados en la lista)

3. Multímetro/polímetro básico.

4. Soldador de Estaño (25W) y carrete de estaño para soldar.

5. Osciloscopio (opcional)

6. Generador de funciones (opcional)

7. Fuente de alimentación: 12V@2A (min)-3A (recomendado). R_L=4Ω. Filtrada y regulada.

8. Pinzas de corte.

9. Dos altavoces de prueba: 2Ω, 10W RMS, 4Ω, 20W RMS

Los componentes y/o equipos electrónicos arriba citados están disponible a través de las tiendas web internacionales como: ALIEXPRESS, AMAZON, EBAY, RS, MOUSER, FARNELL, DIGIKEY, etc.

Adicionalmente, en las tiendas de electrónica locales donde ya habitualmente se adquieren o compran los componentes o equipamiento electrónicos para cualquier proyecto sobre electrónica.

Apéndice 2: Listado de ficheros y programas (descargas)

Ficheros **KiCAD para el PCB** amplificador AMP-XZII Hi-Fi:

https://drive.google.com/file/d/189FBkc9GLViE1ac9qqdyNuIlsrUeDIJH/view?usp=sharing

Ficheros **GERBER para el PCB** amplificador AMP-XZII Hi-Fi:

https://drive.google.com/file/d/1A9iiDA9qQa5IDzCpONWXbuCodJz8FjyA/view?usp=sharing

Ficheros programa **KiCAD**:

https://www.kicad.org/download/

Fabricación de placas **PCB:**

https://jlcpcb.com/

Apéndice 3: Proveedores de recursos (enlaces)

Otras publicaciones de Interés:

1. **ELECTRÓNICA. DIY: Placa Amplificadora de Audio AMP-XZ1 Hi-Fi. VOL I**: Haga su propia placa amplificadora de audio, clase AB, alta calidad Hi-Fi. De … institutos, academias y universidades. Moutinho Fernando 12 julio 2023. Disponible en Amazon.

2. **ELECTRÓNICA Transistores: BJT, FET y MOSFET. Teoría y aplicaciones prácticas.** Moutinho Fernando. Tapa blanda, 15 mayo 2023. (versión tapa blanda).

3. **ELECTRÓNICA: Teoría y Aplicaciones prácticas de los Dispositivos más Comunes** (nueva impresión, 2022). Moutinho Fernando. 7 de septiembre 2022 (versión tapa blanda y ebook).

4. **Proyecto Altavoz Amplificador Portátil MT-5: DIY: Guía completa para construir tu propio altavoz amplificador portátil. Impresión 3D + Hi-Tech Electrónica + Eco-Friendly**. 4 diciembre

2022. Disponible en Amazon.

5. **Amplificadores: diferencial, OPAMP. Algunos diseños y aplicaciones**. 7 julio 2020. Disponible en Amazon.

6. **ELECTRÓNICA: OP-AMPS notas técnicas**. Moutinho Fernando. 26 de junio 2019 (versión tapa blanda y ebook).

ELECTRÓNICA
DIY:
PLACA AMPLIFICADORA DE AUDIO CLASE AB
AMP-XZII HI-FI. VOL II

Diseño y fabricación placa Amplificadora de audio, **clase AB**, Hi-Fi.

Material de utilidad para laboratorios, institutos, academias y universidades.

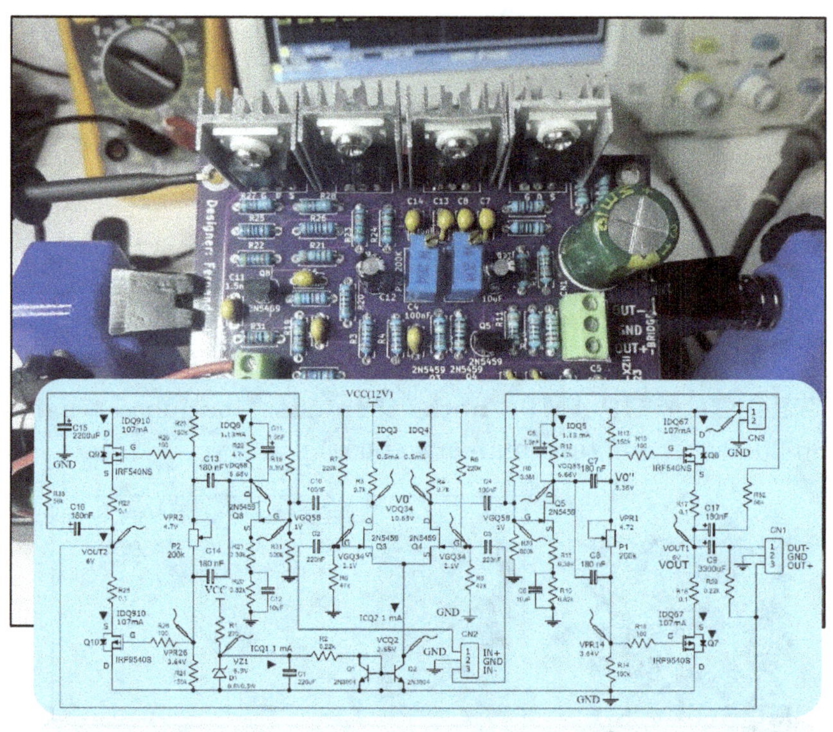

Intencionalmente dejada en blanco